engenharia
de produção:
do paradigma
inicial à
sociedade 5.0

Dayse Mendes

engenharia de produção: do paradigma inicial à sociedade 5.0

Rua Clara Vendramin, 58 . Mossunguê
CEP 81200-170 . Curitiba . PR . Brasil
Fone: (41) 2106-4170
www.intersaberes.com
editora@intersaberes.com

Conselho editorial
Dr. Ivo José Both (presidente)
Drª. Elena Godoy
Dr. Neri dos Santos
Dr. Ulf Gregor Baranow

Editora-chefe
Lindsay Azambuja

Gerente editorial
Ariadne Nunes Wenger

Assistente editorial
Daniela Viroli Pereira Pinto

Preparação de originais
Mycaelle Albuquerque Sales

Edição de texto
Palavra do Editor
Mycaelle Albuquerque Sales

Capa
Charles Silva (*design*)
Morphart Creation e Max Margarit/
Shutterstock (imagens)

Projeto gráfico
Bruno Palma e Silva
Sílvio Gabriel Spannenberg (adaptação)

Diagramação
Muse Design

Designer responsável
Débora Gipiela

Iconografia
Palavra Arteira
Regina Claudia Cruz Prestes

1ª edição, 2021.
Foi feito o depósito legal.

Informamos que é de inteira responsabilidade da autora a emissão de conceitos.
Nenhuma parte desta publicação poderá ser reproduzida por qualquer meio ou forma sem a prévia autorização da Editora InterSaberes. A violação dos direitos autorais é crime estabelecido na Lei n. 9.610/1998 e punido pelo art. 184 do Código Penal.

Dados Internacionais de Catalogação na Publicação (CIP)
(Câmara Brasileira do Livro, SP, Brasil)

Mendes, Dayse
　Engenharia de produção: do paradigma inicial à sociedade 5.0/Dayse Mendes. Curitiba: InterSaberes, 2021.

　Bibliografia.
　ISBN 978-65-5517-854-8

　1. Administração de produção 2. Engenharia de produção 3. Inovações tecnológicas I. Título.

20-49322　　　　　　　　　　　　　　　　　　　　CDD-658.5

Índices para catálogo sistemático:
1. Engenharia de produção 658.5

Cibele Maria Dias – Bibliotecária – CRB-8/9427

sumário

apresentação 9
como aproveitar ao máximo este livro 13

Capítulo 1
O que é engenharia 21
História da engenharia 21
História da engenharia no Brasil 30

Capítulo 2
O que é engenharia de produção 43
O surgimento da engenharia de produção 43
O surgimento da engenharia de produção no Brasil 49
Competências esperadas do engenheiro de produção 51
O engenheiro de produção e o sistema Confea/Crea 58

Capítulo 3
Áreas de atuação da engenharia de produção 67
Engenharia de operações e processos da produção 68
Logística 79

Pesquisa operacional 88
Engenharia da qualidade 93
Engenharia do produto 97
Engenharia organizacional 99
Engenharia econômica 106
Engenharia do trabalho 108
Engenharia da sustentabilidade 109
Educação em engenharia de produção 113

Capítulo 4
Engenharia de produção e ética profissional 119
A ética 120
A ética profissional 121
O Código de Ética Profissional 124
Desenho universal 126

Capítulo 5
O mercado de trabalho do engenheiro de produção 137
Indústria 137
Serviço 143
Consultoria 149
Auditoria 151
Empreendedorismo 154

Capítulo 6
Tendências na engenharia de produção 163
Profissionais multidisciplinares 164
Tendências tecnológicas 166
Indústria 4.0 e sociedade 5.0 168

para concluir... 175
referências 177
respostas 189
sobre a autora 193

> Não sabendo que era impossível, ele foi lá e fez.
>
> Jean Cocteau

apresentação

Com este livro, apresentaremos a você, leitor, um pouco sobre o universo da engenharia de produção, a fim de que perceba: (1) como, em razão da acelerada e recorrente transformação de comportamentos e necessidades em nossa sociedade, os engenheiros em geral desempenham um papel decisivo na definição de novas alternativas para a resolução de problemas que afetam tal conjuntura, pois têm as competências necessárias para converter anseios em realidade prática, útil e concreta; (2) que, nesse mesmo contexto, o engenheiro de produção, ao projetar novos processos e sistemas, tem qualificação para modificar as organizações e o ambiente em que estão instaladas e auxiliar na construção do futuro desejado pela coletividade atual. Para efetivarmos tal intento, organizaremos a discussão desta obra em seis capítulos.

No Capítulo 1, abordaremos o advento e o desenvolvimento da engenharia ao longo da história humana, bem como a forma como é entendida nos dias atuais, ou seja, como uma aplicação da ciência na resolução de problemas cotidianos.

No Capítulo 2, retornaremos ao foco desta obra, tratando do percurso evolutivo da engenharia de produção no Brasil e no mundo. Após essa contextualização histórica, elencaremos e analisaremos as competências esperadas de um engenheiro de produção, de acordo com as Diretrizes Curriculares Nacionais (DCNs) para os Cursos de Engenharia, promulgadas em 2019. Enfatizaremos ainda as especificidades da atuação dos engenheiros de produção, como os tipos de que projetos podem assinar.

Para compreender essas questões, é fundamental conhecer o sistema Confea/Crea (Conselho Federal de Engenharia e Agronomia/Conselho Regional de Engenharia e Agronomia). Por isso, no referido capítulo, também apresentaremos a estrutura desse órgão e como ele regula as atividades do profissional engenheiro.

Para entender a inserção dessa engenharia na sociedade, é importante identificar as áreas em que se desdobra, nas quais o engenheiro de produção pode atuar. No Capítulo 3, descreveremos detalhadamente esses campos – contemplando seus objetivos, seus processos etc. –, que são dez, segundo a Associação Brasileira de Engenharia de Produção (Abepro, 2020): engenharia de operações e processos da produção; logística; pesquisa operacional; engenharia da qualidade; engenharia do produto; engenharia organizacional; engenharia econômica; engenharia do trabalho; engenharia da sustentabilidade; educação em engenharia de produção.

Com o ingresso do engenheiro de produção no mercado de trabalho e as responsabilidades que assume, pautar suas ações na ética torna-se necessário. Considerando isso, no Capítulo 4, comentaremos essas condutas éticas e apresentaremos o Código de Ética Profissional da Engenharia, organizado pelo Confea.

A fim de ampliarmos sua perspectiva, leitor, acerca das possibilidades de atuação nesse âmbito, no Capítulo 5, exploraremos aspectos de alguns setores da economia, assim como formas distintas de oferecer serviços na área de engenharia de produção – para além do tradicional emprego formal –, como a consultoria, a auditoria e o empreendedorismo.

Finalmente, no Capítulo 6, trataremos do futuro, de um momento não muito longínquo no qual inovações tecnológicas e competências múltiplas farão parte da rotina do engenheiro de produção. Veremos que conhecê-las e implementá-las de maneira eficaz nas organizações em que se presta serviço será parte dos deveres desse profissional para com a sociedade em que vive. Afinal, o que se espera dele é que possa criar e oferecer soluções para as adversidades presentes em sua realidade. Enfatizaremos, então, que, nesse contexto, atenuar/solucionar os problemas da comunidade em que se vive e atua será tão importante quanto pensar nas dificuldades da humanidade como um todo.

Esperamos que esta leitura fomente e consolide em você o que denominamos de "real espírito de engenheiro", aquela pessoa criativa que modifica a natureza das coisas para melhorar a vida das pessoas e do ambiente em que estas vivem!

como aproveitar ao máximo este livro

Empregamos nesta obra recursos que visam enriquecer seu aprendizado, facilitar a compreensão dos conteúdos e tornar a leitura mais dinâmica. Conheça a seguir cada uma dessas ferramentas e saiba como estão distribuídas no decorrer deste livro para bem aproveitá-las.

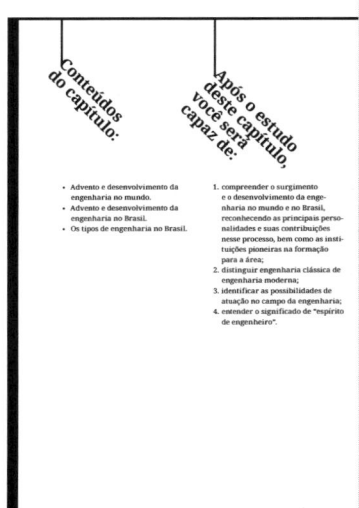

Conteúdos do capítulo

Logo na abertura do capítulo, relacionamos os conteúdos que nele serão abordados.

Após o estudo deste capítulo, você será capaz de:

Antes de iniciarmos nossa abordagem, listamos as habilidades trabalhadas no capítulo e os conhecimentos que você assimilará no decorrer do texto.

Preste atenção!

Apresentamos informações complementares a respeito do assunto que está sendo tratado.

Fique atento!

Ao longo de nossa explanação, destacamos informações essenciais para a compreensão dos temas tratados nos capítulos.

Curiosidade

Nestes boxes, apresentamos informações complementares e interessantes relacionadas aos assuntos expostos no capítulo.

O que é

Nesta seção, destacamos definições e conceitos elementares para a compreensão dos tópicos do capítulo.

Exemplificando

Disponibilizamos, nesta seção, exemplos para ilustrar conceitos e operações descritos ao longo do capítulo a fim de demonstrar como as noções de análise podem ser aplicadas.

Perguntas & respostas

Nesta seção, respondemos a dúvidas frequentes relacionadas aos conteúdos do capítulo.

Estudo de caso

Nesta seção, relatamos situações reais ou fictícias que articulam a perspectiva teórica e o contexto prático da área de conhecimento ou do campo profissional em foco com o propósito de levá-lo a analisar tais problemáticas e a buscar soluções.

Para saber mais

Sugerimos a leitura de diferentes conteúdos digitais e impressos para que você aprofunde sua aprendizagem e siga buscando conhecimento.

Síntese

Ao final de cada capítulo, relacionamos as principais informações nele abordadas a fim de que você avalie as conclusões a que chegou, confirmando-as ou redefinindo-as.

Questões para revisão

Ao realizar estas atividades, você poderá rever os principais conceitos analisados. Ao final do livro, disponibilizamos as respostas às questões para a verificação de sua aprendizagem.

Questões para reflexão

Ao propormos estas questões, pretendemos estimular sua reflexão crítica sobre temas que ampliam a discussão dos conteúdos tratados no capítulo, contemplando ideias e experiências que podem ser compartilhadas com seus pares.

capítulo 1

Conteúdos do capítulo:

- Advento e desenvolvimento da engenharia no mundo.
- Advento e desenvolvimento da engenharia no Brasil.
- Os tipos de engenharia no Brasil.

Após o estudo deste capítulo, você será capaz de:

1. compreender o surgimento e o desenvolvimento da engenharia no mundo e no Brasil, reconhecendo as principais personalidades e suas contribuições nesse processo, bem como as instituições pioneiras na formação para a área;
2. distinguir engenharia clássica de engenharia moderna;
3. identificar as possibilidades de atuação no campo da engenharia;
4. entender o significado de "espírito de engenheiro".

O que é engenharia

É bastante provável que, em algum momento, você tenha conhecido algum engenheiro e já tenha relacionado a palavra *engenharia* à ideia de muitos cálculos, à matemática avançada. Mas, você já refletiu sobre o que, de verdade, esse termo significa?

Neste capítulo, juntos, percorreremos um pouco da história do desenvolvimento da engenharia ao longo do tempo, no Brasil e no mundo. Com isso, possibilitaremos a compreensão acerca do que é e do que faz um engenheiro e, ainda, o reconhecimento de personalidades importantes que impulsionaram a criação e a difusão do "espírito de engenharia".

1.1
História da engenharia

É difícil imaginar o cotidiano atual sem as contribuições da engenharia. Apesar disso, conforme Cocian (2017), a maioria da população adulta brasileira (em torno de 60%), por exemplo, desconhece quais atividades os engenheiros executam, declarando, no máximo, que eles constroem pontes ou prédios. Relaciona-se, portanto, a área às funções de um engenheiro civil, perspectiva que não está equivocada, mas é, com certeza, restrita.

De modo geral, pode-se afirmar que a engenharia é a arte de aplicar conhecimento científico na solução de problemas práticos. E, desde o princípio da humanidade, há adversidades a serem superadas e necessidades a serem supridas – antes, evidentemente, eram resolvidas mesmo sem um engenheiro oferecer recursos técnicos para isso.

Nesse sentido, garantir a própria sobrevivência, buscando-se novas formas de se alimentar e de se proteger dos perigos do ambiente ou dos ataques de inimigos, e ultrapassar limites impostos por questões físicas e/ou psicológicas são ações que compuseram, e ainda compõem, a trajetória do ser humano e, paralelamente, o percurso do desenvolvimento de tecnologias que atenuam dificuldades do dia a dia.

O domínio do uso do fogo, da alavanca e da roda, entre outras tecnologias, ajudou o homem a controlar, cada vez mais, a natureza. Porém, à medida que esses processos se complexificaram, passaram a demandar um entendimento científico dos fenômenos naturais. Da mesma forma, os relacionamentos (entre as pessoas e entre elas e a natureza) tornaram-se mais sofisticados. Assim, surgiram as primeiras grandes civilizações, conhecidas como *povos da Antiguidade* (mesopotâmios, egípcios, gregos, entre outros), e, com elas, respostas para intempéries recorrentes.

Embora ainda não houvesse a designação *engenharia*, a resolução de problemas de maneira original mediante a transformação significativa da natureza passou a ocorrer no momento em que povos do Oriente migraram para as margens de grandes rios, como o Tigre, o Eufrates e o Nilo. Nesses locais, praticaram e refinaram a agricultura, o que exigiu a realização de obras como canais, diques e muros de contenção, a fim de facilitar a irrigação das lavouras e, por conseguinte, a ampliação de áreas férteis cultiváveis.

No Egito Antigo, essas construções públicas, posteriormente, tornaram-se maiores, mais intrincadas, repletas de significados políticos e religiosos e converteram-se em uma demonstração de poder sobre os homens e a natureza.

Os egípcios aprimoraram construções hidráulicas para o aproveitamento do Rio Nilo, mas, como sabemos, não pararam por aí.

As edificações que erigiram são bastante famosas e marcantes mesmo nos dias de hoje, como as Pirâmides de Miquerinos, de Quéfren e de Quéops, construídas no Vale de Gizé, aproximadamente entre os anos de 2530 a.C. e 2471 a.C. Essas obras sobreviveram ao tempo e, por sua grandiosidade, podem ser vistas do espaço.

Figura 1.1 – Imagem das Pirâmides do Egito

O contínuo progresso dessas civilizações culminou na Antiguidade Clássica, com os gregos e os romanos. Os gregos em especial levaram ao ápice a busca por compreender a natureza e, com isso, sedimentaram formas de conceber e analisar o mundo próximas ao que atualmente entendemos por *ciência*. Proveio dessa civilização uma das mais importantes figuras históricas para a elaboração do pensamento científico: Aristóteles (cerca de 383-322 a.C.), pensador que formulou um sistema de classificação do mundo natural, possibilitando, assim, o entendimento da essência dos objetos à nossa volta (Silva, 2017).

Todavia, sem sombra de dúvidas, foi Arquimedes (287-212 a.C.) o primeiro dos pensadores gregos a ter um "espírito de engenheiro". Ainda que tenha ficado conhecido pela história de que correu nu e gritou "Eureka!" pelas ruas de sua cidade, ele representa muito mais do que isso: foi matemático, físico, químico e astrônomo e nunca se negou a reunir seus conhecimentos e colocá-los à disposição para a formulação de alternativas em face de obstáculos cotidianos.

Esse cientista desenvolveu o princípio do empuxo, denominado *princípio de Arquimedes*, fundamental para o entendimento da mecânica dos fluidos, e o chamado *parafuso de Arquimedes*, uma espécie de bomba usada na transferência de líquidos de um local mais baixo até outro mais elevado. Além disso, inventou armas de guerra para a defesa da cidade onde morava e redigiu uma série de livros sobre geometria, aritmética, combinações e matemática aplicada.

Os avanços teóricos e tecnológicos que Arquimedes promoveu foram motivados por problemas práticos, e isso faz com que possa ser considerado um excepcional praticante de engenharia, quando esta ainda não existia na forma como a conhecemos hoje.

Curiosidade

Segundo a lenda, o rei de Siracusa contou a Arquimedes, seu amigo, que havia encomendado a um ourives uma coroa de ouro, mas estava desconfiado de que fora enganado pelo artista, que teria confeccionado a joia com uma mistura de prata e ouro. O rei pediu a Arquimedes que descobrisse uma maneira de provar a desonestidade do ourives sem destruir a coroa.

Arquimedes dedicou-se exclusivamente à resolução dessa questão, mas sem sucesso. Um dia, cansado de pensar sobre o assunto, decidiu ir a um banho público. Ao entrar na banheira, logo observou que o volume de água que caía quando nela se deitava era igual ao volume de seu próprio corpo.

Assim, Arquimedes elaborou a solução para o problema, pois, se a coroa fosse de ouro puro, ela deslocaria um volume de água igual àquela quantidade de ouro; se a coroa contivesse prata, teria um volume maior e deslocaria mais água. Ao imaginar esse experimento, Arquimedes ficou tão entusiasmado que saiu correndo nu pela rua e gritando "Eureka! Eureka!".

Avançando-se nesse percurso histórico, chega-se ao Renascimento, quando outra personalidade se destacou no exercício do "espírito de engenharia" e por seu empenho em entender os fenômenos naturais, descrevê-los e propor soluções para adversidades deles decorrentes: Leonardo da Vinci (1452-1519), filho ilegítimo do tabelião Piero da Vinci, figura proeminente da cidade de Vinci, na Florença, e de Caterina Lippi, uma simples camponesa.

Da Vinci teve a oportunidade de, morando com seu pai, tornar-se um jovem instruído, sendo exposto desde cedo a uma vasta gama de técnicas e de conhecimentos de artes e ciências da época, como desenho técnico e artístico, metalurgia, mecânica, carpintaria, pintura, escultura e modelagem. Dessa combinação de conhecimentos e habilidades nasceu uma série de pesquisas e inventos surpreendentes mesmo para os dias atuais.

Durante sua vida, Da Vinci foi reconhecido efetivamente como um engenheiro por suas propostas de engenhos na área militar, bem como por suas inúmeras invenções, que incluem de tanques de guerra a máquinas voadoras, como a da Figura 1.2.

Figura 1.2 – Desenho da máquina voadora de Leonardo da Vinci

Janaka Dharmasena/Shutterstock

Contudo, foi somente no século XVIII, em virtude tanto do desenvolvimento cada vez mais acelerado e robusto de ferramentas matemáticas quanto de uma maior compreensão de fenômenos físicos, que se delineou e se estabeleceu a engenharia atual, dividindo-se, assim, a história da engenharia no que se pode denominar de *engenharia antiga*, ou *clássica* – apoiada basicamente em empirismo, ou seja, em conhecimento prático –, e *engenharia moderna* – fundamentada em conhecimento científico.

> **O que é**
>
> A **engenharia clássica** corresponde às práticas de povos da Antiguidade e de estudiosos, como os que aqui citamos, que formularam soluções para problemáticas da sociedade enquanto ainda não havia método científico. Já a **engenharia atual**, para Krick (1979), é o resultado de dois processos históricos, que evoluíram no decorrer do tempo em separado: a expansão dos conhecimentos científicos e a intensificação da necessidade de haver um especialista centrado em sanar problemas do dia a dia.

A engenharia moderna surgiu, então, conforme descreve Krick (1979), como profissão essencialmente dedicada à aplicação de um certo conjunto de conhecimentos, de habilitações específicas e de determinada atitude para a criação de dispositivos, estruturas e processos, de modo a converter recursos em formas adequadas ao atendimento das necessidades humanas. O engenheiro emprega, portanto, conhecimentos científicos na produção de elementos valorizados pela sociedade.

O Quadro 1.1 apresenta a principal distinção entre essas engenharias.

Quadro 1.1 – Distinção entre as engenharias clássica e moderna

Engenharia clássica	Engenharia moderna
Ações do homem para atender às suas necessidades e aproveitar os recursos naturais	Uso da ciência para resolver os problemas da sociedade

Note que há ênfase no *uso* da ciência, e não no *desenvolvimento* desta pelo engenheiro. Ou seja, esse profissional não deve ser confundido com um cientista, tendo em vista que a engenharia não se propõe a elucidar o funcionamento da natureza, e sim a criar o artificial.

Para Cocian (2017), essa criação do artificial decorre do anseio do ser humano por ultrapassar suas barreiras naturais. Segundo o autor, "à medida que a civilização se equipa com elementos artificiais que mantêm o indivíduo 'seguro' e 'poderoso', começam a surgir motivações secundárias e, em alguns casos, subjetivas, que podem reforçar as anteriores ou criar um mundo novo de necessidades" (Cocian, 2017, p. 2).

Com o passar do tempo, o interesse de uma única pessoa em elaborar novas soluções tornou-se insuficiente para concretizar os objetivos práticos desejados. Por isso, emergiu a demanda por ensinar e difundir, entre a população, a matemática, a ciência e a economia como base para resolver questões práticas, convertendo-se, assim, a engenharia em uma ciência aplicada (Holtzapple; Reece, 2013).

Preste atenção!

O termo *engenheiro* é derivado do latim *ingenium*, que indica a capacidade inventiva de alterar a forma natural das coisas para lhes dar uma utilidade prática; antigamente, a palavra fazia referência à pessoa que projetava e executava obras militares.

Até o século XIX, toda construção era feita por arquitetos, artesãos comuns e engenheiros militares. Nesse contexto, a fabricação de maquinário (ainda muito limitada) e a lavra de minas eram simplesmente artes especiais.

No final do século XVIII, a crescente expansão dessa área, em razão da necessidade de se realizarem mais e mais obras, e sua excepcional complexidade culminaram numa grande procura por pessoas com habilidades, experiência e conhecimentos específicos, para planejar e inspecionar a construção de estradas, obras hidráulicas, faróis e outras grandes estruturas permanentes (Cocian, 2017).

O primeiro curso de engenharia provavelmente foi ofertado na École Nationale des Ponts et Chaussées, fundada em Paris, em 1747, que diplomou profissionais com esse título, na área da construção. Na mesma época, a École Nationale Supérieure des Mines, também de Paris, formou engenheiros de minas. Ainda nessa cidade, em 1795, foi inaugurada a École Polytechnique, com um curso de engenharia de três anos, nos quais os alunos estudavam matérias básicas de engenharia, voltadas às leis da física e da matemática, e em que lecionavam professores como Joseph-Louis Lagrange (1736-1813), Jean-Baptiste Fourier (1768-1830) e Siméon Poisson (1781-1840). Concluído esse período, os estudantes eram encaminhados a instituições especializadas, como as de pontes e estradas ou as de minas.

Esse notável pioneirismo da França na fundação de importantes escolas de engenharia foi decorrente da revolução por que acabara de passar. O pilar dessa mudança, as noções de liberdade, igualdade e fraternidade, englobava a proposta de oferecer a todas as pessoas, independentemente de classe social, a possibilidade de se capacitarem para auxiliar na construção de uma nova sociedade. Logo, tornou-se incoerente o fato de somente aristocratas terem acesso à educação superior.

Assim, nessa conjuntura, a educação passou a ser uma responsabilidade do Estado, já que é por meio dos frutos dela que a sociedade pode progredir e funcionar bem. Todas as escolas do país foram, então, criadas com investimento governamental, visando melhorar a produção científica e seu emprego no cotidiano coletivo (Amadeo; Schubring, 2015).

Além das francesas, surgiram escolas de engenharia em vários outros pontos da Europa, como a alemã Technische Universität Bergakademie Freiberg, fundada em 1765, e a espanhola Academia de Minería y Geografía Subterránea de Almadén, fundada em 1777.

Outro país que avançou no ensino de engenharia na mesma época foi Portugal, que, desde o início das Grandes Navegações, buscou o progresso nessa área, assim como nas ciências. Parte dessa evolução foi alcançada por contribuição do Colégio de Santo Antão, "dirigido pelos padres jesuítas, no qual, desde o Século XVI, havia a Aula da Esfera, onde se ensinava matemática aplicada à navegação e às fortificações, e de onde provieram muitos dos engenheiros militares que atuaram no Brasil Colônia" (Telles, 1984, p. 3).

Todos esses avanços nas ciências, somados às consequências do Iluminismo francês e da Revolução Industrial inglesa, conferiram formalidade àquilo que, antes, era informal: a atuação de pessoas em situações de engenharia, capacitadas nas escolas que surgiram nos séculos XVIII e XIX. Instituiu-se, assim, a profissão de engenheiro e, com ela, uma definição de cunho legal, a saber:

> o engenheiro profissional, dentro do significado e dos objetivos da lei, refere-se à pessoa ocupada na prática profissional da prestação de serviços ou em atividades de trabalho criativo que requeira educação, treino e experiência nas ciências da engenharia e a aplicação de conhecimento específico em matemática, física e ciências da engenharia.
> A prestação de serviços ou trabalho criativo se dará como consultoria, investigação, avaliação, planejamento ou projeto de serviços de utilidade pública ou privada, estruturas, máquinas, processos, circuitos, construções, equipamentos ou projetos, e supervisão de construções com o propósito de seguir e alcançar as especificações estabelecidas pelo projeto de qualquer um desses serviços. (Cocian, 2017, p. 4)

Embora existam diversos cursos que habilitam para a prática da engenharia, nem todos os países regulamentaram essa profissão e/ou exigem uma licença própria para seu exercício. Como exemplos de tratamento diferenciado quanto à atuação dos engenheiros, é possível citar Alemanha, França, Reino Unido, Brasil e EUA – nação cujos procedimentos são os mais próximos dos brasileiros.

Nos EUA, por exemplo, o exercício da engenharia profissional teve início com um projeto de lei de 1907 e, atualmente, a profissão é altamente regulamentada. Ademais, o título de engenheiro profissional é protegido legalmente, ou seja, é ilegal usá-lo para oferecer serviços ao público, a menos que se obtenha a devida permissão, certificação ou endosso oficial (concedido pelo Estado).

Curiosidade

O trabalho dos engenheiros é tão impactante e relevante para a sociedade que até na ficção científica esses profissionais se sobressaem. Um exemplo disso é o Homem de Ferro, herói da Marvel criado por Stan Lee em 1963. O empresário e bilionário Tony Stark, o referido personagem, só consegue sobreviver à morte em virtude dos conhecimentos adquiridos nos cursos de engenharia elétrica e física que fez no Massachusetts Institute of Technology (MIT). São esses conhecimentos que lhe possibilitam fabricar suas diversas armaduras.

No presente século, com os consecutivos progressos científicos e tecnológicos da humanidade, continuam a despontar indivíduos com "espírito de engenheiro", mantendo-o "vivo" e contribuindo para o desenvolvimento social, entre os quais podemos citar: o engenheiro elétrico Jeff Bezos (1964-), presidente e CEO da Amazon; o engenheiro de produção Tim Cook (1960-), CEO da Apple; e o engenheiro da computação Larry Page (1973-), ex-CEO do Google. Também cabe mencionar aquelas pessoas que, apesar de não serem formadas em engenharia, buscam solucionar os grandes problemas da sociedade atualmente, como o físico Elon Musk (1971-), CEO da Tesla Motors e da Space X; Steve Jobs (1955-2011), sem formação superior, cofundador da Apple e acionista da Pixar (entre outras atividades); e Bill Gates (1955-), sem formação superior, cofundador da Microsoft.

1.2
História da engenharia no Brasil

A trajetória histórica da engenharia no Brasil começou com uma necessidade bastante específica. Apesar de essa nação oferecer muitos recursos e riquezas, era difícil de governar, em especial no início da colonização. Por isso, Portugal percebeu, entre outras necessidades, que precisava fortificá-la e torná-la mais habitável.

As primeiras casas da colônia, assim como as primeiras obras de defesa desta, eram muito primitivas e, portanto, substituí-las por construções mais duradouras e firmes era imprescindível, o que começou a ser feito durante a implantação do Governo Geral e da fundação da Cidade do Salvador, em 1549. Na época, o primeiro governador-geral, Tomé de Souza, trouxe para a colônia um grupo de profissionais construtores e anunciou a ordem do Rei D. João III de que fosse erigida, no local, uma cidade forte e resistente, tal como a mostrada na Figura 1.3.

Figura 1.3 – Planta da Cidade do Salvador

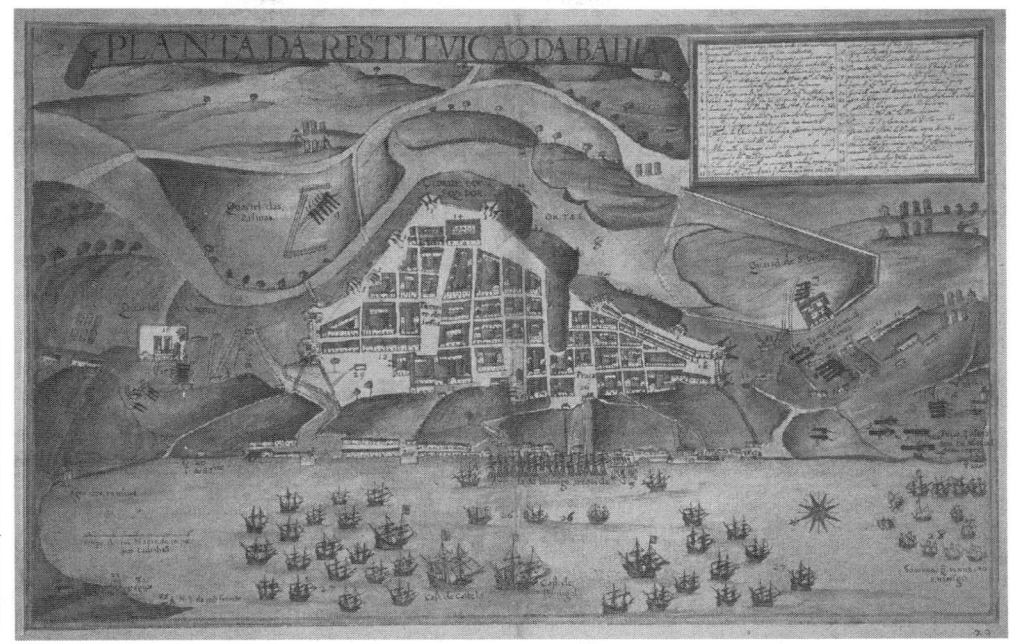

O mapa utiliza a escala petípe (10:100 – de palmos para braças).
Fonte: Albernaz, o Velho, 1631.

Conforme a colônia se expandia, aumentava a necessidade de importar engenheiros[1] de Portugal. Assim, acentuou-se também o interesse em enviar brasileiros para estudar na Europa, de modo a suprir a demanda crescente pela resolução de problemas locais. Apesar da significativa procura por esses profissionais, somente em 1810, quando D. João VI criou a Academia Militar do Rio de Janeiro, começou-se a formar engenheiros no país. À semelhança disso, a urgência de desenvolvimento, principalmente dos setores de saneamento, ferroviário e de portos marítimos, acarretou a fundação da Escola Politécnica do Rio de Janeiro, em 1874, estendendo a profissão não só aos militares, mas também aos civis (Moreira, 2020).

No decorrer do século XIX, outras cinco escolas de engenharia foram inauguradas no Brasil: a Politécnica de São Paulo, em 1893; a Escola de Engenharia do Recife, em 1895; a Politécnica do Mackenzie College, em 1896; a Politécnica da Bahia, em 1897; e a Escola de Engenharia de Porto Alegre, também em 1897, às quais se seguiram outras ao longo do tempo.

Já a regulamentação da profissão ocorreu somente em 1933, no governo de Getúlio Vargas. A pressão social de entidades como o Clube

---

[1] Nesse período, de acordo com Telles (1984), o termo *engenheiro* designava o sujeito capaz de construir fortificações e engenhos bélicos. Porém, também tinha o sentido de dono ou capataz de engenhos para o fabrico de açúcar, cachaça, farinha, entre outros produtos.

da Engenharia, o Sindicato dos Engenheiros, o Instituto de Engenharia de São Paulo, entre outras associações, resultou na promulgação do Decreto n. 23.569, de 11 de dezembro de 1933 (Brasil, 1933), que regulamentou as profissões liberais de engenheiros, arquitetos e agrimensores, instituindo os Conselhos Federal e Regional de Engenharia e Arquitetura – o sistema Confea/Crea (Conselho Federal de Engenharia e Agronomia/Conselho Regional de Engenharia e Agronomia) do período. E, finalmente, em 24 de dezembro de 1966, foi sancionada a Lei n. 5.194 (Brasil, 1966), que substituiu o decreto de 1933 e definiu as atribuições dos profissionais vinculados àquele sistema.

> **O Clube de Engenharia**
>
> Considerada a mais antiga sociedade de engenheiros da América Latina ainda em funcionamento, o Clube de Engenharia, localizado no Rio de Janeiro, foi fundado por Conrad Niemeyer (1931-1905) em 24 de dezembro de 1880, com o objetivo de oferecer um espaço democrático em que se pudesse discutir o desenvolvimento nacional e a capacitação técnica dos engenheiros que aqui estavam se formando.
>
> Assim se pronunciou Niemeyer (1880, citado por Clube de Engenharia, 2020) a respeito do propósito da instituição:
>
>> Esta sala será um ponto de reunião para os engenheiros, industriais e fabricantes etc., [...] um excelente meio de facilitar os negócios e ao mesmo tempo foco onde as questões técnicas se discutirão [sic] resultando portanto o esclarecimento delas, [...] principalmente quando submetidas à opinião pública.
>
> O clube, desde sua criação, participou de notáveis momentos da história do Brasil: o abolicionismo, a nacionalização do petróleo – mediante adesão ao movimento "O petróleo é nosso", de 1948 –, a campanha Diretas Já, entre outros. Todas essas ações demonstram o valor do engenheiro, ao longo da história, para a sociedade como um todo.

No âmbito nacional, também é possível apontar algumas proeminentes personalidades que demonstraram ter "espírito de engenheiro". Sem dúvida, um dos maiores destaques nesse sentido é Alberto Santos Dumont (1873-1932). Esse inventor não buscou formação e diplomação específicas em engenharia, mesmo que sempre tenha estado imerso nesse campo, já que seu pai era engenheiro; contudo, desde cedo demonstrou interesse em máquinas e seu funcionamento. Herdeiro de grande fortuna, pôde dedicar sua vida às invenções e às inovações, entre as quais a mais famosa é o avião, o 14-bis, representado na Figura 1.4.

Figura 1.4 – 14-bis

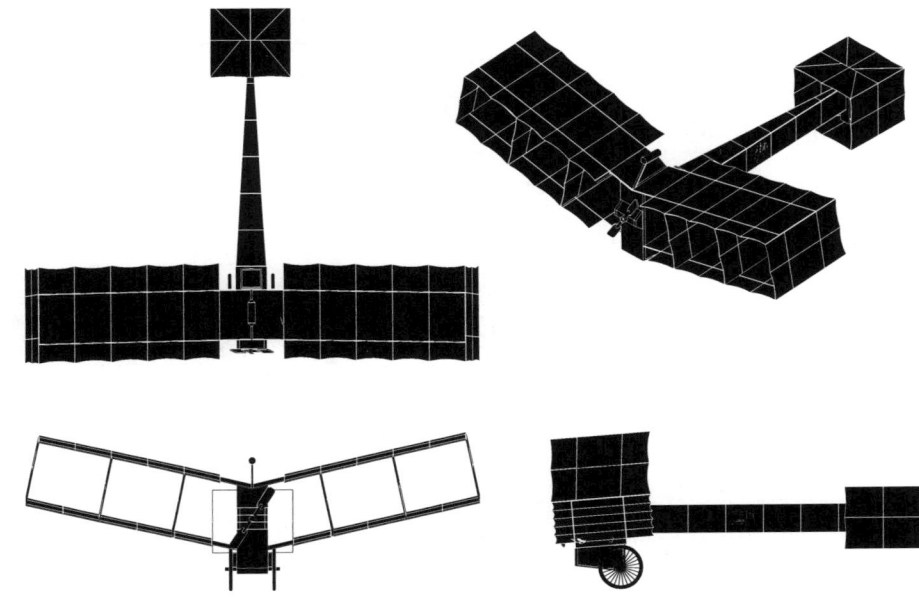

Leandro PP/Shutterstock

Vale ressaltar, ainda, o trabalho de outras duas figuras: Antônio (1839-1874) e André (1838-1898) Rebouças, considerados os primeiros afrodescendentes brasileiros a cursar uma universidade e os dois maiores engenheiros do Brasil no século XIX. Entre as construções que idealizaram e coordenaram no Rio de Janeiro e no Paraná, destaca-se a Ferrovia Paranaguá-Curitiba, até hoje tida como a maior obra de engenharia férrea do país.

Por fim, não é possível deixar de citar Enedina Alves Marques (1913-1981). Curitibana, negra e filha de lavadeira, ela se tornou engenheira civil em 1945 pela Universidade Federal do Paraná (UFPR), entrando para a história como a primeira mulher a se formar em engenharia no estado e a primeira engenheira negra do Brasil. Entre suas maiores obras, está seu trabalho no Plano Hidrelétrico do Paraná, em especial a obra da Usina Capivari-Cachoeira.

1.2.1 As várias engenharias no Brasil

Atualmente, no Brasil, há mais de 40 cursos distintos voltados à engenharia, ou seja, existem mais de 40 possibilidades de se desempenhar tal profissão em nosso país, elencadas a seguir.

	Engenharias no Brasil		
1	Engenharia Aeroespacial	22	Engenharia de Telecomunicações
2	Engenharia Aeronáutica	23	Engenharia Elétrica
3	Engenharia Agrícola	24	Engenharia Eletrônica
4	Engenharia Ambiental	25	Engenharia Eletrotécnica
5	Engenharia Ambiental e Sanitária	26	Engenharia Física
6	Engenharia Automotiva	27	Engenharia Florestal
7	Engenharia Biomédica	28	Engenharia Geológica
8	Engenharia Bioquímica	29	Engenharia Industrial
9	Engenharia Cartográfica	30	Engenharia Industrial Elétrica
10	Engenharia Civil	31	Engenharia Industrial Mecânica
11	Engenharia de Alimentos	32	Engenharia Industrial Química
12	Engenharia de Computação	33	Engenharia Marítima
13	Engenharia de Controle e Automação	34	Engenharia Matemática
14	Engenharia de Materiais	35	Engenharia Mecânica
15	Engenharia de Minas	36	Engenharia Mecatrônica
16	Engenharia de Pesca	37	Engenharia Metalúrgica
17	Engenharia de Petróleo	38	Engenharia Naval
18	Engenharia de Produção	39	Engenharia Nuclear
19	Engenharia de Recursos Hídricos	40	Engenharia Química
20	Engenharia de Redes de Comunicação	41	Engenharia Sanitária
21	Engenharia de Serviços	42	Engenharia Têxtil

Fonte: Elaborado com base em Brasil, 2018.

Entre as engenharias com o maior percentual de estudantes matriculados, encontram-se: em primeiro lugar, a Civil; em segundo, a de Produção; em terceiro, a Mecânica; e, em quarto, a Elétrica (Brasil, 2018). Para que você possa conhecê-las um pouco melhor, apresentaremos a seguir um breve resumo acerca delas.

> **Engenharia Elétrica**
> O engenheiro eletricista está presente em todos os aspectos que envolvem a energia, desde a geração, a transmissão, o transporte e a distribuição até o uso nas residências e no comércio. Além disso, planeja, supervisiona e executa projetos nas áreas de eletrotécnica, relacionadas à potência da energia.
> [...]
> **Engenharia Civil**
> Além de projetar, gerenciar e executar obras como casas, edifícios, pontes, viadutos, estradas, barragens, canais e portos, o engenheiro civil tem como atribuição a análise das características do solo, o estudo da insolação e da ventilação do local e a definição dos tipos de fundação.
> [...]
> **Engenharia de Produção**
> É o ramo da engenharia que gerencia os recursos humanos, financeiros e materiais para aumentar a produtividade de uma empresa. O engenheiro de produção é peça fundamental em indústrias e empresas de quase todos os setores.
> [...]
> **Engenharia Mecânica**
> É a área da engenharia que cuida do desenvolvimento, do projeto, da construção e da manutenção de máquinas e equipamentos. O engenheiro mecânico desenvolve e projeta máquinas, equipamentos, veículos, sistemas de aquecimento e de refrigeração e ferramentas específicas da indústria mecânica. (Conheça..., 2010, grifo do original)

A expansão das possibilidades na área é notável, já que, conforme são enfrentadas novas adversidades na indústria, no campo e em serviços, cria-se a demanda por capacitação de pessoas para solucioná-las. Uma vez que a engenharia é uma profissão essencialmente dedicada à aplicação de conhecimentos, habilidades e atitudes na criação de dispositivos, estruturas e processos para a superação dessas situações-problema, nada mais natural que surjam, frequentemente, novas engenharias valorizadas pela sociedade.

–Estudo de caso

Francisco sempre gostou de cálculos. Por causa de suas boas notas em Física e Matemática, seu pais insistiram com ele para que fizesse vestibular e seguisse a carreira de engenheiro, especialmente porque todas as pessoas de sua família estão ligadas à área. Francisco, aprovado na seleção, ingressou na faculdade de Engenharia da cidade, mas sente que, apesar de seu bom desempenho nas disciplinas de exatas durante o ensino médio, falta-lhe alguma coisa. Ele ainda não "se encontrou" no curso.

O que falta para Francisco começar a se sentir engenheiro?

Como vimos ao longo do capítulo, o engenheiro é alguém que deve gostar de formular soluções para os problemas da sociedade. Ter um bom desempenho em disciplinas de exatas ajuda a lidar com tais adversidades, mas não é o suficiente para atuar como engenheiro. Diante disso, Fernando poderia engajar-se em projetos de seu interesse para entender melhor o curso.

–Perguntas & respostas

1. Muitas pessoas, equivocadamente, vinculam a engenharia a características do universo masculino. Considerando-se isso, essa profissão pode ser bem exercida por mulheres?

Na verdade, a engenharia concerne à execução de projetos. Logo, nada impede que mulheres possam praticá-la em condições de igualdade – como mostramos ao examinar brevemente o trabalho de Enedina Alves Marques. Existem, aliás, alguns ramos em que o percentual de mulheres é sobressalente, como as engenharias de alimentos, têxtil e química. Do mesmo modo, há áreas consideradas "masculinas", como as engenharias mecânica e automotiva. Contudo, trata-se mais de uma questão cultural que de capacidade da mulher para o exercício da engenharia.

> **Para saber mais**
>
> Para aprofundar seus conhecimentos acerca da engenharia e de sua história no Brasil, visite o *site* do Clube de Engenharia.
>
> CLUBE DE ENGENHARIA. **Formação do engenheiro (DFE)**. Disponível em: <http://portalclubedeengenharia.org.br/category/divtec/dteformacaoengenheiro/>. Acesso em: 7 jun. 2020.

–Síntese

Neste capítulo, percorremos uma trajetória dos primórdios da história do homem aos dias atuais para mostrar como foi o surgimento e o desenvolvimento da engenharia. Buscamos enfatizar a existência de uma conduta em sociedade identificada como "espírito de engenheiro" – expressão referente àqueles que procuram tanto entender os problemas coletivos quanto encontrar formas de solucioná-los.

Abordamos, ainda, a evolução da engenharia, da clássica à moderna, bem como alguns personagens importantes nessa caminhada. Explicamos como a engenharia chegou ao Brasil e desenvolveu-se acadêmica e profissionalmente e quais são, no momento, as engenharias possíveis de serem exercidas no país.

–Questões para revisão

1. A história da engenharia divide-se em dois momentos, clássica e moderna, sendo a principal diferença entre elas o fato de:
   a) a engenharia clássica só aceitar solucionar problemas mediante análise científica.
   b) a engenharia clássica apoiar-se em empirismo (situações práticas), enquanto a engenharia moderna se fundamenta em conhecimento científico.
   c) a engenharia moderna resolver apenas problemas concernentes à proteção contra perigos do ambiente ou ataques de inimigos.
   d) a engenharia clássica empregar ferramentas matemáticas na resolução de problemas, enquanto a engenharia moderna não as considera necessárias.
   e) a engenharia clássica utilizar massivamente as tecnologias de informação (TIs), enquanto a engenharia moderna não as considera úteis.

2. O engenheiro não deve ser confundido com um cientista, pois:
   a) cabe ao engenheiro explicar o funcionamento da natureza.
   b) cabe ao cientista criar novos produtos não encontrados na natureza.
   c) cabe ao cientista tanto explicar os fenômenos naturais quanto criar o artificial.
   d) cabe ao engenheiro criar o artificial, e não explicar os fenômenos naturais.
   e) cabe ao cientista desenvolver processos produtivos eficazes.

3. A necessidade de desenvolvimento, principalmente dos setores de saneamento, ferroviário e de portos marítimos, suscitou a fundação da Escola Politécnica do Rio de Janeiro, em 1874. A partir desse momento:
   a) somente militares puderam continuar exercendo as funções de engenheiro.
   b) somente civis puderam exercer a profissão de engenheiro.
   c) estendeu-se a profissão de engenheiro não só aos militares, mas também aos civis.
   d) qualquer indivíduo que atuasse como cientista poderia ser chamada de *engenheiro*.
   e) qualquer engenheiro formado na instituição receberia o título de cientista.

4. Os problemas práticos da humanidade, desde a Pré-História, eram resolvidos mesmo sem a existência formal de um engenheiro para oferecer soluções técnicas. Explique por que isso ocorria.

5. Descreva o que você compreendeu por "espírito de engenheiro".

–Questão para reflexão

1. Pesquise sobre a vida e a obra (campo de atuação do profissional, sua construção mais famosa, impactos de seu trabalho no cotidiano das pessoas etc.) de um engenheiro importante para seu estado/cidade. Identifique, ainda, os problemas do dia a dia com que se preocupava a área desse engenheiro na época e se, no mesmo período, ela apresentou algum avanço significativo (novas máquinas, teorias, recursos, técnicas etc.). Em seguida, compare esses aspectos com a realidade atual da área (adversidades e progressos) e, por fim, reúna os dados coletados em um diagrama e apresente-o aos seus colegas.

capítulo 2

Conteúdos do capítulo:

- Advento e desenvolvimento da engenharia de produção no Brasil e no mundo.
- Competências esperadas do engenheiro de produção.
- O sistema Confea/Crea e a engenharia de produção.
- Registro e atribuições do engenheiro de produção.

Após o estudo deste capítulo, você será capaz de:

1. compreender os fatos, as figuras históricas, as teorias e os recursos que impulsionaram a criação, o desenvolvimento e o reconhecimento da importância da engenharia de produção no Brasil e no mundo;
2. identificar as competências necessárias ao engenheiro;
3. reconhecer as atividades próprias do engenheiro de produção;
4. entender os objetivos e o funcionamento do sistema Confea/Crea.

O que é engenharia de produção

Tendo sido apresentados a origem e o desenvolvimento da engenharia no Brasil, bem como suas ramificações, neste capítulo, focalizaremos a engenharia de produção. O intuito é que você conheça como a área surgiu no Brasil e no mundo, as competências esperadas do engenheiro de produção, assim como a estrutura e o funcionamento do órgão que fiscaliza e regula sua conduta, sendo responsável por definir o que esse profissional pode ou não realizar: o sistema Confea/Crea (Conselho Federal de Engenharia e Agronomia/Conselho Regional de Engenharia e Agronomia).

2.1
O surgimento da engenharia de produção

Entre as diversas possibilidades de se exercer a engenharia na atualidade, encontra-se a engenharia de produção, a área mais jovem se considerarmos o surgimento de algumas engenharias clássicas, como a civil e a mecânica. De acordo com Piratelli (2005), pode-se afirmar que a engenharia de produção emergiu com a Revolução Industrial na Inglaterra do século XVIII, em decorrência da necessidade de implantar métodos e técnicas que aprimorassem os processos produtivos das fábricas.

Por volta de 1700, os países passaram por diversas transformações sociais, econômicas, culturais, entre outras, em especial a Inglaterra, o que levou os camponeses a migrar para as cidades, constituindo, assim, uma população urbana. Ao mesmo tempo, o comércio inglês cresceu, exigindo o aumento da produção e, por conseguinte, a contratação de mais mão de obra para a manufatura dos produtos, e novos inventos foram criados, dando início ao processo de mecanização da produção.

> **Fique atento!**
>
> Nesse período histórico, a meta era aumentar cada vez mais a produtividade, mesmo que a população sofresse com essa situação, como demonstra o discurso do agrônomo-economista Arthur Young (1774, p. 122, citado por Mantoux, 2001, p. 166):
>
>> A meu ver, a população é um objetivo secundário. Deve-se cultivar o solo de modo a fazê-lo produzir o máximo possível, sem se inquietar com a população. Em caso algum o fazendeiro deve ficar preso a métodos agrícolas superados, suceda o que suceder com a população. Uma população que, ao invés de aumentar a riqueza do país, é para ele um fardo, é uma população nociva.

Aproximadamente em 1760, foi apresentado ao mundo um dos mais importantes desses inventos: a máquina a vapor. Aperfeiçoada pelo engenheiro James Watt (1736-1819), a energia a vapor foi fundamental para movimentar máquinas de forma mais eficaz do que as demais energias utilizadas à época, como a eólica e a muscular (homens e animais). Assim, possibilitou um grande crescimento da produção em mineradoras, metalúrgicas, tecelagens e transportes, marcando o início do que se entende por *grande indústria moderna*.

Segundo Mantoux (2001, p. 340), isso converteu o mundo industrial em "uma imensa fábrica, onde a aceleração do motor, sua desaceleração e suas paralisações modificam a atividade dos operários e regulam a produtividade". À proporção que esse mundo se desenvolveu, foram sendo adotados nas fábricas as técnicas e os métodos de custeio, de pesquisa de mercado, de planejamento de instalações, de estudos de arranjos físicos, de programação da produção, entre outras atividades, o que impulsionou a produção como nunca antes ocorrera.

Ainda na Inglaterra, conforme Piratelli (2005), o matemático, filósofo, engenheiro e inventor inglês Charles Babbage (1791-1871) publicou, em 1832, o primeiro livro relacionado à engenharia de produção: *On the Economy of Machinery and Manufactures* – obra na qual examinou as práticas de fabricação e discutiu os fatores políticos, morais e econômicos que as afetavam. Com essa obra, Babbage – possivelmente sem estar, de fato, ciente disso – criou essa nova disciplina, que depois se tornou um ramo da engenharia e uma relevante atividade profissional.

Nessa conjuntura, portanto, delineou-se um ambiente propício à definição e à execução das atividades do engenheiro de produção, sobretudo na busca por entender como lidar com milhares de pessoas ao mesmo tempo e num mesmo local (o barracão da fábrica) e, igualmente, de que forma torná-las mais produtivas e levá-las a alcançar as metas de criação estabelecidas e desejadas pelos empresários e pela sociedade.

Entretanto, foi nos EUA que a engenharia de produção consolidou-se efetivamente, em virtude de um movimento denominado *scientific management* (administração científica), encabeçado pelo engenheiro mecânico Frederick Taylor (1856-1915), pelo casal de engenheiros industriais Frank (1868-1924) e Lillian (1878-1972) Gilbreth, entre outros, entre 1882 e 1912 (Piratelli, 2005). Nesse período, a administração científica começou a ser introduzida nas indústrias por consultores que se intitulavam *industrial engineers* (engenheiros industriais), como reflexo de um progressivo desenvolvimento tecnológico.

Pelo fato de sua obra *Princípios da administração científica*, publicada em 1911, preceder a outras sobre o mesmo tema e ser mais abrangente, Taylor recebeu os títulos de *pai da administração* e *pai da engenharia de produção*. Apesar de pertencer a uma família abastada da Filadélfia, ele começou a trabalhar cedo, indo de aprendiz a consultor de fábricas.

Ao longo de sua carreira, Taylor identificou a necessidade de refinar o processo produtivo das fábricas. Para tanto, formulou princípios que tornaram mais eficientes as ferramentas empregadas pelos operários durante as tarefas desempenhadas no chão de fábrica. Além disso, usou métodos que julgou científicos e os aplicou nos processos produtivos e no trabalho humano.

> **Curiosidade**
>
> Frederick Taylor obteve seu diploma de engenharia mecânica, em 1883, estudando por correspondência no Stevens Institute of Technology (Kanigel, 1997). Além da formação a distância, também surpreende a extraordinária opção pela engenharia, visto que, "embora o surgimento da administração científica viesse a criar uma explosão da profissão de engenheiro nos EUA, em 1872 havia menos de 7 mil engenheiros em todo o país (esse número saltou para 135 mil em 1920)" (Gabor, 2001, p. 24).

Quatro desses princípios de administração e de organização racional do trabalho (ORT) foram elaborados e descritos pelo teórico na obra há pouco citada: "1) Desenvolvimento duma verdadeira ciência[1]. 2) Seleção científica do trabalhador[2]. 3) Sua instrução e treinamento científico[3]. 4) Cooperação íntima e cordial entre a direção e os trabalhadores[4]" (Taylor, 1970, p. 118-119).

Nesse livro, Taylor esclareceu, ainda, que a ORT diz respeito à prática dos princípios por intermédio de uma série de métodos, técnicas e ferramentas e elencou alguns de seus elementos, a saber:

> estudo do tempo, com os materiais e métodos para realizá-lo corretamente; chefia numerosa e funcional e sua superioridade sobre o velho sistema do contramestre único; padronização dos instrumentos e material usados na fábrica e também de todos os movimentos do trabalhador para cada tipo de serviço; necessidade duma seção ou sala de planejamento; princípio de exceção na administração; uso da régua de cálculo e recursos semelhantes para economizar tempo; fichas de instrução para o trabalhador; ideia de tarefa na administração, associada a alto prêmio para os que realizam toda a tarefa com sucesso; pagamento com gratificação diferencial; sistema mnemônico para classificar os produtos manufaturados e ferramentas usadas [...]; sistema de rotina; novo sistema de cálculo do custo [...]. (Taylor, 1970, p. 117-118)

Quase no mesmo período, o casal Gilbreth desenvolveu e aplicou o chamado *estudo de tempos e movimentos* nas fábricas.

---

1 Ou seja, "substituição do critério individual do operário por uma ciência" (Taylor, 1970, p. 105).

2 Feita mediante a análise desse sujeito e de acordo com sua personalidade e a natureza da tarefa a ser executada (buscando-se o homem de primeira classe).

3 O trabalhador é "experimentado", em vez de escolher os processos e aperfeiçoar-se por acaso.

4 Dessa forma, trabalhadores e administração deveriam fazer juntos o trabalho, "de acordo com leis científicas desenvolvidas, em lugar de deixar a solução de cada problema, individualmente, a critério do operário" (Taylor, 1970, p. 105).

> ### *O que é*
>
> O **estudo de tempos e movimentos** é uma técnica de análise do processo produtivo baseada em registros fotográficos e filmagem do ambiente de trabalho. Revisando-se esses registros, era possível identificar e promover a redução dos movimentos desnecessários de um operário ao realizar suas atividades, elevando-se, assim, a eficiência da produção.

Tais ferramentas e técnicas difundiram-se e foram empregadas em notáveis empresas da época, como a Ford Motor Company, montadora de automóveis fundada pelo engenheiro mecânico Henry Ford (1863-1947) em 1903. Em sua empresa, Ford aplicou, além da administração científica, diversas propostas que desenvolvera para a melhoria dos processos de produção automotiva, como o uso da intercambialidade de partes, a linha contínua e a produção em massa.

Figura 2.1 – Fábrica Ford

FORD Motor Company Assembly Line. Fotografia: p&b. In: FORD, H. Henry Ford on His Plans and His Philosophy. **The Literary Digest**, New York, v. 96, 1928. p. 46. Entrevista. Disponível em: <https://upload.wikimedia.org/wikipedia/commons/1/1a/Literary_Digest_1928-01-07_Henry_Ford_Interview_2.jpg>. Acesso em: 16 dez. 2020.

O conjunto dessas propostas foi denominado de *taylorismo* e, pouco a pouco, foi disseminado pelo mundo. Na antiga União Soviética (atual Rússia), Vladimir Lenin tentou implantá-lo na indústria do país. No Brasil, o taylorismo chegou por volta da década de 1920, mas só englobou considerável parcela das fábricas em 1950, quando importantes multinacionais, como a própria Ford, iniciaram suas operações no país.

Todas as técnicas aqui citadas passaram a apresentar resultados efetivos em termos de aumento de produtividade e de eficiência dos trabalhadores. Nesse contexto, o engenheiro de produção caracterizou-se como um especialista nessas técnicas e, inicialmente, seu principal campo de atuação era o projeto do trabalho, ou seja, a descrição do melhor método para executar as atividades essenciais ao processo produtivo, como preconizado por Taylor e seu *one best way*, ou seja, a melhor forma, a única eficaz para a concretização de uma tarefa.

Preste atenção!

Tanto Taylor quanto Ford acreditavam que a disseminação de suas ideias acarretaria melhorias sociais. Aqui, chamamos tal crença de *pensamento azulzinho*, isto é, uma ideia otimista em relação aos desdobramentos de seus princípios e suas ações.

O pensamento azulzinho de Taylor (1970, p. 128) era o seguinte:

> O baixo custo de produção, que resulta do grande aumento de rendimento, habilitará as companhias que adotaram a administração científica e, particularmente, aquelas que a instituíram, em primeiro lugar, a competir melhor do que antes e, com isso, ampliarão seus mercados, seus homens terão constantemente trabalho, mesmo em tempos difíceis, e ganharão maiores salários, qualquer que seja a época. Isso significa aumento de prosperidade e diminuição de pobreza, não somente para os trabalhadores, mas também para toda a comunidade.

Já o pensamento azulzinho de Ford (1967, p. 60) era este: produzir um veículo para "toda a gente. [...] amplo para comportar uma família e tão pequeno que um indivíduo só o possa guiar e zelar", com preço tão acessível que qualquer sujeito ganhando um salário mínimo poderia adquiri-lo e com ele desfrutar, "na companhia dos seus", as belezas e amenidades que Deus pôs na natureza". Nessa projeção de Ford, o cavalo desapareceria das rodovias, e o automóvel seria considerado um bem de uso cotidiano.

Principalmente após a Segunda Guerra Mundial, a indústria modificou-se radicalmente e, com isso, novos desafios foram lançados aos profissionais nela atuantes. Os novos processos produtivos propostos pela indústria japonesa, em especial pela Toyota Motor Company, culminaram em práticas outras relativas à qualidade de produto e de processo, *kanban*[5], *just in time*[6], *poka-yoke*[7], entre outras inovações, ampliando, desse modo, as preocupações e as formas de atuar do engenheiro de produção, que ainda se encontrava no interior das fábricas (como *industrial engineer*).

Com o passar do tempo, o campo de atuação do engenheiro de produção extrapolou a manufatura e as indústrias de produção, agora englobando áreas como a médico-hospitalar, a de inovação, a de desenvolvimento de produtos, a bancária, entre outras, nas quais tal profissional emprega sistemas e simuladores para realizar seu trabalho.

Hoje, o engenheiro de produção é a pessoa que analisa o funcionamento de uma organização de forma sistêmica, observando o todo para otimizar os processos do local e criar um fluxo de trabalho mais eficiente em todas as suas áreas, reduzir custos, obter mais produtividade e, por consequência, gerar valor para a organização.

[5] Sistema visual de programação e controle da produção.
[6] Produção somente por demanda.
[7] Dispositivo à prova de erros.

2.2
O surgimento da engenharia de produção no Brasil

No Brasil, houve grande demanda por engenheiros de produção a partir da década de 1950, com a instalação de multinacionais no país, como a Ford e a Volkswagen, que aplicavam em seus processos produtivos os princípios tayloristas/fordistas. No entanto, aqui ainda não existiam cursos que habilitassem para a atuação nesse âmbito. Por isso, importavam-se profissionais de outros países, como os EUA, para suprir tal procura.

Na tentativa de reverter esse cenário, a Universidade de São Paulo (USP) saiu na frente. De acordo com Piratelli (2005, p. 3),

> a Universidade Politécnica da USP (Universidade de São Paulo), em 1955, foi a pioneira na criação de um curso de

Engenharia de Produção em nível de extensão, válido para doutoramento, pois sua congregação não considerava a Engenharia de Produção uma engenharia, a ponto de se montar um curso de graduação. Todavia, a demanda pelo curso de extensão foi tal que superou as demais áreas até então oferecidas.

Finalmente, em 1958, a instituição ofereceu o primeiro curso de graduação na área, e os primeiros engenheiros de produção formaram-se em 1960, já que os três anos iniciais eram cursados com a turma de Engenharia Mecânica.

Com essa oferta nacional de profissionais, diversos setores contrataram engenheiros de produção. Especificamente em São Paulo, as indústrias automobilísticas da região do ABC os empregaram com a atribuição de funções semelhantes às dos *industrials engineers* norte-americanos, como o planejamento e o controle de produção, qualidade, tempos e métodos.

No eixo São Paulo-Rio de Janeiro, com a implantação dos primeiros computadores eletrônicos nas organizações, muitos engenheiros de produção foram admitidos para desempenhar papéis próprios de analistas de sistemas e programadores (em razão principalmente de sua visão holística de empresa), caracterizando um mercado de trabalho peculiar para a profissão.

Atualmente, no Brasil, essa ocupação é regida pela Lei n. 5.194, de 24 de dezembro de 1966 (Brasil, 1966), que regula a profissão de engenheiro de forma geral. Quanto ao engenheiro de produção, há duas resoluções específicas do Conselho Federal de Engenharia e Agronomia (Confea): a Resolução n. 235, de 9 de outubro de 1975, que "discrimina as atividades profissionais do Engenheiro de Produção" (Confea, 1975), e a Resolução n. 288, de 7 de dezembro de 1983, que "designa o título e fixa as atribuições das novas habilitações em Engenharia de Produção e Engenharia Industrial" (Confea, 1983).

2.3 Competências esperadas do engenheiro de produção

Para desenvolver as atividades concernentes à profissão, o engenheiro de produção, como qualquer outro profissional, precisa ter uma série de competências.

> **O que é**
>
> Entende-se por **competência** uma combinação de conhecimentos, habilidades, saber-fazer, experiências, atitudes e comportamentos empregada num contexto preciso (Medel, 1998, citado por Zarifian, 2001).

Pode-se verificar uma competência se utilizada em situação laboral, passível de validação. Logo, averiguam-se as competências de um engenheiro de produção quando da real atuação desse profissional.

A princípio, o engenheiro de produção deve apresentar as competências genéricas de um engenheiro, conforme as Diretrizes Curriculares Nacionais (DCNs) para os cursos de Engenharia, instituídas pela Resolução CNE/CES n. 2, de 24 de abril de 2019 (Brasil, 2019c), e reguladas pelo Parecer CNE/CES n. 948, de 9 de outubro de 2019 (Brasil, 2019b). Essas diretrizes dividem-se em seis capítulos: "I. Das disposições preliminares"; "II. Do perfil e competências esperadas do egresso"; "III. Da organização do curso de graduação em Engenharia"; "IV. Da avaliação das atividades"; "V. Do corpo docente"; e "VI. Das disposições finais e transitórias" (Brasil, 2019c). Como, nesta seção, objetivamos elencar e descrever aquelas competências com mais profundidade, enfocaremos o conteúdo do Capítulo II desse documento.

Existe a expectativa de que o engenheiro, ao finalizar seus estudos e ingressar no mercado de trabalho, apresente as características indicadas no art. 3º das DCNs, que são:

> I – ter visão holística e humanista, ser crítico, reflexivo, criativo, cooperativo e ético e com forte formação técnica;
> II – estar apto a pesquisar, desenvolver, adaptar e utilizar novas tecnologias, com atuação inovadora e empreendedora;

> III – ser capaz de reconhecer as necessidades dos usuários, formular, analisar e resolver, de forma criativa, os problemas de Engenharia;
> IV – adotar perspectivas multidisciplinares e transdisciplinares em sua prática;
> V – considerar os aspectos globais, políticos, econômicos, sociais, ambientais, culturais e de segurança e saúde no trabalho;
> VI – atuar com isenção e comprometimento com a responsabilidade social e com o desenvolvimento sustentável. (Brasil, 2019c)

O engenheiro deve, portanto, reconhecer que há múltiplas implicações referentes ao exercício de sua profissão, para além do cuidado com os aspectos técnicos dos problemas das organizações e da sociedade como um todo. Para tanto, segundo o art. 4º das DCNs, a graduação em Engenharia deve lhe proporcionar o domínio das seguintes competências:

> I – formular e conceber soluções desejáveis de engenharia, analisando e compreendendo os usuários dessas soluções e seu contexto:
> a) ser capaz de utilizar técnicas adequadas de observação, compreensão, registro e análise das necessidades dos usuários e de seus contextos sociais, culturais, legais, ambientais e econômicos;
> b) formular, de maneira ampla e sistêmica, questões de engenharia, considerando o usuário e seu contexto, concebendo soluções criativas, bem como o uso de técnicas adequadas;
> II – analisar e compreender os fenômenos físicos e químicos por meio de modelos simbólicos, físicos e outros, verificados e validados por experimentação:
> a) ser capaz de modelar os fenômenos, os sistemas físicos e químicos, utilizando as ferramentas matemáticas, estatísticas, computacionais e de simulação, entre outras;
> b) prever os resultados dos sistemas por meio dos modelos;
> c) conceber experimentos que gerem resultados reais para o comportamento dos fenômenos e sistemas em estudo;

d) verificar e validar os modelos por meio de técnicas adequadas;

III – conceber, projetar e analisar sistemas, produtos (bens e serviços), componentes ou processos:

a) ser capaz de conceber e projetar soluções criativas, desejáveis e viáveis, técnica e economicamente, nos contextos em que serão aplicadas;

b) projetar e determinar os parâmetros construtivos e operacionais para as soluções de Engenharia;

c) aplicar conceitos de gestão para planejar, supervisionar, elaborar e coordenar projetos e serviços de Engenharia;

IV – implantar, supervisionar e controlar as soluções de Engenharia:

a) ser capaz de aplicar os conceitos de gestão para planejar, supervisionar, elaborar e coordenar a implantação das soluções de Engenharia;

b) estar apto a gerir, tanto a força de trabalho quanto os recursos físicos, no que diz respeito aos materiais e à informação;

c) desenvolver sensibilidade global nas organizações;

d) projetar e desenvolver novas estruturas empreendedoras e soluções inovadoras para os problemas;

e) realizar a avaliação crítico-reflexiva dos impactos das soluções de Engenharia nos contextos social, legal, econômico e ambiental;

V – comunicar-se eficazmente nas formas escrita, oral e gráfica:

a) ser capaz de expressar-se adequadamente, seja na língua pátria ou em idioma diferente do Português, inclusive por meio do uso consistente das tecnologias digitais de informação e comunicação (TDICs), mantendo-se sempre atualizado em termos de métodos e tecnologias disponíveis;

VI – trabalhar e liderar equipes multidisciplinares:

a) ser capaz de interagir com as diferentes culturas, mediante o trabalho em equipes presenciais ou a distância, de modo que facilite a construção coletiva;

b) atuar, de forma colaborativa, ética e profissional em equipes multidisciplinares, tanto localmente quanto em rede;

c) gerenciar projetos e liderar, de forma proativa e colaborativa, definindo as estratégias e construindo o consenso nos grupos;

d) reconhecer e conviver com as diferenças socioculturais nos mais diversos níveis em todos os contextos em que atua (globais/locais);

e) preparar-se para liderar empreendimentos em todos os seus aspectos de produção, de finanças, de pessoal e de mercado;

VII – conhecer e aplicar com ética a legislação e os atos normativos no âmbito do exercício da profissão:

a) ser capaz de compreender a legislação, a ética e a responsabilidade profissional e avaliar os impactos das atividades de Engenharia na sociedade e no meio ambiente;

b) atuar sempre respeitando a legislação, e com ética em todas as atividades, zelando para que isto ocorra também no contexto em que estiver atuando; e

VIII – aprender de forma autônoma e lidar com situações e contextos complexos, atualizando-se em relação aos avanços da ciência, da tecnologia e aos desafios da inovação:

a) ser capaz de assumir atitude investigativa e autônoma, com vistas à aprendizagem contínua, à produção de novos conhecimentos e ao desenvolvimento de novas tecnologias;

b) aprender a aprender. (Brasil, 2019c)

Finalmente, o art. 5º do já citado documento propõe:

> Art. 5º O desenvolvimento do perfil e das competências, estabelecidas para o egresso do curso de graduação em Engenharia, visam à atuação em campos da área e correlatos, em conformidade com o estabelecido no Projeto Pedagógico do Curso (PPC), podendo compreender uma ou mais das seguintes áreas de atuação:
>
> I – atuação em todo o ciclo de vida e contexto do projeto de produtos (bens e serviços) e de seus componentes, sistemas e processos produtivos, inclusive inovando-os;
>
> II – atuação em todo o ciclo de vida e contexto de empreendimentos, inclusive na sua gestão e manutenção; e

III – atuação na formação e atualização de futuros engenheiros e profissionais envolvidos em projetos de produtos (bens e serviços) e empreendimentos. (Brasil, 2019c)

Além das competências exigidas para o curso de Engenharia, "devem ser agregadas as competências específicas de acordo com a habilitação ou com a ênfase do curso" (Brasil, 2019c). Nesse sentido, para a Associação Brasileira de Engenharia de Produção (Abepro), o engenheiro de produção deve:

1. Ser capaz de dimensionar e integrar recursos físicos, humanos e financeiros a fim de produzir, com eficiência e ao menor custo, considerando a possibilidade de melhorias contínuas;
2. Ser capaz de utilizar ferramental matemático e estatístico para modelar sistemas de produção e auxiliar na tomada de decisões;
3. Ser capaz de projetar, implementar e aperfeiçoar sistemas, produtos e processos, levando em consideração os limites e as características das comunidades envolvidas;
4. Ser capaz de prever e analisar demandas, selecionar tecnologias e *know-how*, projetando produtos ou melhorando suas características e funcionalidade;
5. Ser capaz de incorporar conceitos e técnicas da qualidade em todo o sistema produtivo, tanto nos seus aspectos tecnológicos quanto organizacionais, aprimorando produtos e processos, e produzindo normas e procedimentos de controle e auditoria;
6. Ser capaz de prever a evolução dos cenários produtivos, percebendo a interação entre as organizações e os seus impactos sobre a competitividade;
7. Ser capaz de acompanhar os avanços tecnológicos, organizando-os e colocando-os a serviço da demanda das empresas e da sociedade;
8. Ser capaz de compreender a inter-relação dos sistemas de produção com o meio ambiente, tanto no que se refere à utilização de recursos escassos quanto à disposição final de resíduos e rejeitos, atentando para a exigência de sustentabilidade;

9. Ser capaz de utilizar indicadores de desempenho, sistemas de custeio, bem como avaliar a viabilidade econômica e financeira de projetos;
10. Ser capaz de gerenciar e otimizar o fluxo de informação nas empresas utilizando tecnologias adequadas. (Abepro, 1997-1998, p. 3)

A Figura 2.2 sintetiza essas capacidades.

Figura 2.2 – Múltiplas competências do engenheiro de produção: o "superengenheiro"

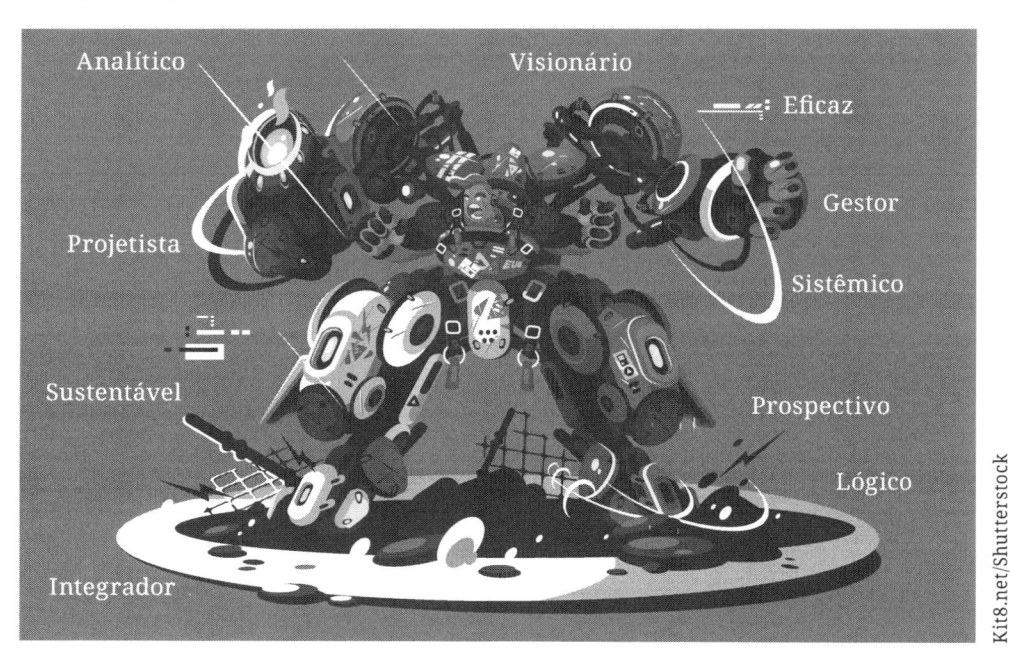

Analítico
Visionário
Eficaz
Gestor
Projetista
Sistêmico
Sustentável
Prospectivo
Lógico
Integrador

Kit8.net/Shutterstock

Reiterando o exposto, José Abranches (citado por Venanzi; Silva, 2016), docente da Universidade Federal do Rio de Janeiro (UFRJ), afirma que o engenheiro de produção deve tanto entender de sistemas e de máquinas quanto buscar compreender o ser humano e suas relações de trabalho. Considera, ainda, que se trata de uma carreira especial e que seus profissionais estão aptos a atuar em todos os segmentos econômicos.

Para o autor, a engenharia prepara o futuro engenheiro para aumentar o faturamento e a produtividade de qualquer indústria ou comércio, transformando, então, "um ambiente improdutivo, sem qualidade, em um ambiente produtivo, com qualidade" (Abranches, citado por Venanzi; Silva, 2016, p. VII).

Ele finaliza suas considerações enfatizando: "o bom profissional tem que estar atento; falar inglês para entender e ser compreendido e saber se relacionar com aplicativos de informática voltados à Engenharia, também faz diferença" (Abranches, citado por Venanzi; Silva, 2016, p. VII).

Uma vez que cabe ao engenheiro de produção gerir os processos de transformação, é importante que ele tenha uma "formação acadêmica que o capacite a reconhecer problemas e a solucioná-los, utilizando uma ampla base científica, computacional e gerencial" (Siqueira, 2019, p. 29). Esse profissional trabalha, portanto, com "gestão de crises", ou seja, converte seu conhecimento em soluções úteis para as adversidades que surgem nas organizações.

Ademais, para que bens e serviços sejam produzidos, esse engenheiro deve integrar todos os recursos de um sistema, os quais envolvem pessoas, materiais, tecnologia, informação e energia. Também precisa verificar se esses sistemas estão contribuindo para todos os que dependem dele: os clientes, os fornecedores, o meio ambiente e a sociedade.

Nesse sentido, a rotina desse profissional está atrelada à análise de números, de planilhas, assim como à simulação e ao gerenciamento dos processos da empresa. Contempla, ainda, a coordenação das atividades da equipe que lhe é subordinada, à qual deve delegar tarefas e cujos resultados precisa acompanhar.

É relevante destacar, por fim, que o engenheiro de produção deve estar apto a absorver e a desenvolver novas tecnologias, atuando de forma crítica e criativa na identificação e na resolução de intempéries, considerando seus aspectos políticos, econômicos, sociais, ambientais e culturais, com visão ética e humanística, em atendimento às demandas da sociedade.

2.4
O engenheiro de produção e o sistema Confea/Crea

Para ser habilitado ao exercício legal da profissão de engenheiro, é necessário registrar-se no Conselho Regional de Engenharia e Agronomia (Crea), órgão responsável por fiscalizar, orientar e regulamentar as atividades profissionais das áreas de engenharia, agronomia, geologia, geografia e meteorologia, bem como suas modalidades e suas especialidades, nos níveis superior, tecnológico e técnico. Cada Crea é uma entidade da esfera estadual e uma manifestação regional do Confea e tem por missão defender a sociedade da prática ilegal das atividades concernentes às profissões abrangidas pelo sistema Confea/Crea, conforme Lei n. 5.194/1966.

Esse sistema, por sua vez, busca assegurar que serviços "técnicos ou execução de obras com participação de profissional habilitado" sejam exercidos "em observância aos princípios éticos, econômicos, tecnológicos e ambientais compatíveis com as necessidades da sociedade" (Confea, 2020a), estando, portanto, sujeitos à sua fiscalização "as pessoas físicas – leigos ou profissionais – e as pessoas jurídicas que executam ou se constituam para executar serviços ou obras de Engenharia ou de Agronomia" (Confea, 2020a). Além disso, o Confea/Crea credencia as instituições de ensino superior (IESs) que oferecem cursos de Engenharia, garantindo, com isso, que atendam ao disposto nos arts. 10, 11 e 56 da Lei n. 5.194/1966.

No âmbito regional, a fiscalização do Crea quanto às especializações profissionais e às infrações do Código de Ética (Confea, 2019) é executada pelas Câmaras Especializadas, órgãos que têm como atribuições, conforme o art. 46 dessa mesma lei:

a) julgar os casos de infração da presente Lei, no âmbito de sua competência profissional específica;
b) julgar as infrações do Código de Ética;
c) aplicar as penalidades e multas previstas;
d) apreciar e julgar os pedidos de registro de profissionais, das firmas, das entidades de direito público, das entidades de classe e das escolas ou faculdades na Região;

e) elaborar as normas para a fiscalização das respectivas especializações profissionais;

f) opinar sobre os assuntos de interesse comum de duas ou mais especializações profissionais, encaminhando-os ao Conselho Regional. (Brasil, 1966)

Cada câmara especializada é constituída por: (1) conselheiros representantes das diferentes titulações que integram a respectiva categoria ou grupo profissional; e (2) um conselheiro representante das demais categorias.

No tocante à engenharia de produção, a câmara que a representa é a Câmara Especializada de Engenharia Mecânica e Metalúrgica.

2.4.1 Registro do profissional

Os profissionais diplomados nas áreas de agronomia, engenharia, geologia e meteorologia, nos níveis superior e tecnológico, somente podem exercer essas profissões no Brasil após registro no Crea e homologação pelo Confea. Para obter esse registro, é necessário que o recém-formado observe os seguintes passos (Confea, 2020b):

1. Protocolo de documentação no Crea de seu estado;
2. Verificação (empreendida pelo Crea de seu estado com o Crea ao qual a instituição de ensino do referido profissional está associada) da atribuição de título, das atividades e das competências profissionais, de acordo com a Câmara Especializada, compatibilizando as atribuições da Câmara Especializada do estado original de vinculação com as de seu estado;
3. Anotação do diploma no Sistema de Informações do Confea (SIC);
4. Expedição, pelo Crea, da Carteira de Identidade Profissional ou da Carteira de Identidade Provisória, conforme o caso.

A documentação exigida atualmente para a expedição de Carteira de Identidade Profissional pelo Crea é a seguinte:

- Original do diploma ou do certificado, registrado pelo órgão competente do sistema de ensino;
- Histórico escolar com a indicação das cargas horárias das disciplinas cursadas;
- Carteira de identidade, expedida na forma da lei;
- Registro de Cadastro de Pessoa Física – CPF;
- Título de Eleitor (quando brasileiro);
- Certidão de quitação eleitoral (quando brasileiro);
- Certidão de quitação com o serviço militar (quando brasileiro);
- Comprovante de residência;
- Duas fotografias, de frente, nas dimensões 3x4 cm, em cores, sendo recomendado o fundo branco e sem data.

Fonte: Confea, 2020b.

2.4.2 O que o engenheiro de produção pode assinar?

Conforme o art. 1º da Resolução Confea n. 235/1975, compete ao engenheiro de produção o desempenho das atividades 1 a 18 do art. 1º da Resolução Confea n. 218, de 29 de junho de 1973 (Confea, 1973) – responsável por discriminar as atividades de diferentes modalidades profissionais da engenharia, da arquitetura e da agronomia –, as quais listamos a seguir:

> Atividade 01 – Supervisão, coordenação e orientação técnica;
> Atividade 02 – Estudo, planejamento, projeto e especificação;
> Atividade 03 – Estudo de viabilidade técnico-econômica;
> Atividade 04 – Assistência, assessoria e consultoria;
> Atividade 05 – Direção de obra e serviço técnico;
> Atividade 06 – Vistoria, perícia, avaliação, arbitramento, laudo e parecer técnico;
> Atividade 07 – Desempenho de cargo e função técnica;
> Atividade 08 – Ensino, pesquisa, análise, experimentação, ensaio e divulgação técnica; extensão;
> Atividade 09 – Elaboração de orçamento;
> Atividade 10 – Padronização, mensuração e controle de qualidade;

Atividade 11 – Execução de obra e serviço técnico;
Atividade 12 – Fiscalização de obra e serviço técnico;
Atividade 13 – Produção técnica e especializada;
Atividade 14 – Condução de trabalho técnico;
Atividade 15 – Condução de equipe de instalação, montagem, operação, reparo ou manutenção;
Atividade 16 – Execução de instalação, montagem e reparo;
Atividade 17 – Operação e manutenção de equipamento e instalação;
Atividade 18 – Execução de desenho técnico. (Confea, 1973)

Concluída sua formação acadêmica, o engenheiro de produção poderá, então, assumir a responsabilidade técnica quanto aos procedimentos na fabricação industrial, aos métodos e às sequências de produção industrial em geral e ao produto industrializado, aos seus serviços afins e correlatos. "Em termos práticos, isso significa que um Engenheiro de Produção pode ser responsável técnico em, por exemplo, projetos de layout industrial e projetos de produtos" (Júnior, 2018).

–Estudo de caso

Juliana herdou a panificadora de sua família. A partir desse momento, tornou-se a responsável por solucionar todos os problemas desse comércio: da fabricação da massa dos pães até o atendimento aos clientes.

Em pouco tempo, ela percebeu que, por exemplo, se um dos fornos demora a assar os pães, sua capacidade de produção e, por consequência, de atendimento diminui e, assim, a panificadora lucra menos.

Diante disso, Juliana concluiu que precisa estudar mais para melhorar todos os processos da panificadora e, para tanto, escolheu cursar Engenharia de Produção.

Você acredita que ela fez uma boa escolha? Justifique.

Juliana fez, sim, a escolha correta, pois, como vimos neste capítulo, as competências de um engenheiro de produção são adequadas para solucionar os problemas que ela enfrenta ao gerir a panificadora.

-Perguntas & respostas

1. O que é a Abepro?

A Abepro é a Associação Brasileira de Engenharia de Produção, cujo objetivo é congregar os docentes, os pesquisadores, os estudantes, os profissionais, as instituições de ensino e outras (órgãos públicos, entidades privadas e do terceiro setor) atuantes na engenharia de produção, para promover essa área.

Para saber mais a respeito dessa associação, consulte:

ABEPRO – Associação Brasileira de Engenharia de Produção. Disponível em: <http://portal.abepro.org.br/>. Acesso em: 7 jun. 2020.

Para saber mais

Para conhecer mais sobre a profissão de engenheiro, sugerimos que você acesse o *site* do Crea de seu estado. Você também pode consultar o *site* do Confea em:

CONFEA – Conselho Federal de Engenharia e Agronomia. Disponível em: <http://www.confea.org.br/>. Acesso em: 7 jun. 2020.

-Síntese

Neste capítulo, abordamos o advento da engenharia de produção no Brasil e no mundo, bem como descrevemos as atribuições do engenheiro de produção e as competências esperadas desse profissional. Por fim, examinamos textos legais concernentes às novas diretrizes para os cursos de Engenharia, promulgadas pelo Ministério da Educação em 2019, e à estrutura, ao objetivo e à atuação do sistema Confea/Crea, órgãos reguladores que fiscalizam e orientam a ação dos engenheiros no exercício da profissão.

Questões para revisão

1. A engenharia de produção emergiu com a Revolução Industrial na Inglaterra do século XVIII. Esse fato criou o clima propício ao surgimento da engenharia de produção porque:
   a) os operários preferiam ser comandados por engenheiros.
   b) os processos das fábricas da época demandavam a resolução de muitos cálculos matemáticos avançados.
   c) só engenheiros de produção entendiam o funcionamento das máquinas utilizadas nas fábricas.
   d) com o nascimento das indústrias, tornou-se necessário implantar métodos e técnicas que melhorassem os processos produtivos.
   e) aos engenheiros cabia realizar a manutenção das máquinas a vapor.

2. Frederick Taylor foi um personagem fundamental no desenvolvimento das atividades de engenharia de produção porque:
   a) usou dados estatísticos para convencer donos de fábricas de que aplicá-las no contexto industrial era importante.
   b) formulou princípios que tornaram mais eficientes as ferramentas empregadas pelos operários durante as tarefas no chão de fábrica.
   c) valorizou as pessoas ao dizer que qualquer operário tinha capacidade para planejar suas tarefas e executá-las, sem precisar de chefes ou líderes de produção.
   d) atribuiu aos operários as decisões estratégicas das fábricas, pois entendia que somente eles tinham conhecimento profundo sobre os processos produtivos.
   e) defendeu que qualquer indivíduo (empresário ou operário) era facilmente manipulável, daí o conceito de homem bovino.

3. A Resolução Confea n. 235/1975, em seu art. 1º, estabelece que compete ao engenheiro de produção o desempenho das atividades 1 a 18 do art. 1º da Resolução Confea n. 218/1973, que discrimina as atividades das diferentes modalidades profissionais da engenharia, da arquitetura e da agronomia.

Assinale a alternativa que aponta uma dessas atividades:
a) Ensino de matemática, química e física.
b) Projeção de motores de combustão interna.
c) Padronização, mensuração e controle de qualidade.
d) Avaliação de riscos e elaboração de planos para garantir a segurança das pessoas nas empresas.
e) Preparação das questões do Exame Nacional de Desempenho dos Estudantes (Enade) ao final da graduação.

4. Ao exercer sua profissão, o engenheiro de produção deve tanto entender de sistemas e máquinas quanto buscar compreender o ser humano e suas relações de trabalho. Explique por que é necessário contemplar esses dois âmbitos (subjetivo/interpessoal e técnico).

5. A Lei de Diretrizes e Bases da Educação Nacional (LDBEN) – Lei n. 9.394, de 20 de dezembro de 1996 (Brasil, 1996) – propôs o trabalho com competências em todos os níveis de ensino, suscitando a superação da ideia de que instituições de ensino devem ser meras transmissoras de informações aos alunos. Todos os documentos derivados da LDBEN seguem essa política de desenvolvimento de competências, incluindo as DCNs para o ensino superior. Considerando isso, descreva qual é o papel das DCNs nesse nível de ensino.

-Questão para reflexão

1. Haveria uma engenharia de produção como a atual caso Frederick Taylor não interviesse na indústria norte-americana? Para responder a essa questão e compreender melhor a contribuição de Taylor para a resolução de problemas nos processos produtivos, pesquise sobre a vida e a obra desse engenheiro.

capítulo 3

Conteúdos do capítulo:

- Engenharia de operações e processos da produção (processos produtivos discretos e contínuos, projeto de fábrica e de instalações industriais etc.).
- Logística (gestão de estoques, logística empresarial, humanitária etc.).
- Pesquisa operacional (processos decisórios e estocásticos, teoria dos jogos etc.).
- Engenharia da qualidade (planejamento e controle de qualidade, confiabilidade de processos e produtos etc.).
- Engenharia do produto (desenvolvimento, planejamento e projeto do produto etc.).
- Engenharia organizacional (gestão de projetos, informação, inovação, tecnologia etc.).
- Engenharia econômica (gestão de custos, investimentos, riscos etc.).
- Engenharia do trabalho (ergonomia, sistemas de gestão de higiene e segurança do trabalho etc.).
- Engenharia da sustentabilidade (gestão de recursos naturais e energéticos, responsabilidade social, desenvolvimento sustentável etc.).
- Educação em engenharia de produção.

Após o estudo deste capítulo, você será capaz de:

1. compreender conceitos, características, componentes, subáreas e funções das diversas áreas de atuação do engenheiro de produção;
2. reconhecer, selecionar e empregar, em circunstâncias oportunas, ferramentas próprias de cada área da engenharia de produção.

Áreas de atuação da engenharia de produção

Como vimos, a engenharia de produção volta-se para o funcionamento de sistemas produtivos, nos quais são aplicados de conhecimentos especializados (provenientes da matemática, da física e da química) a outros menos comuns às engenharias (concernentes à gestão de empresas). Em razão disso, configura-se um perfil bastante sistêmico e multidisciplinar para essa engenharia, ampliando-se as possibilidades de atuação de seus profissionais, o que pode ser visto como a grande vantagem destes em relação a outros engenheiros, cujo campo de exercício é bem mais limitado.

De acordo com a Associação Brasileira de Engenharia de Produção (Abepro, 2020), o âmbito de atuação do engenheiro de produção contempla dez áreas: engenharia de operações e processos da produção; logística; pesquisa operacional; engenharia da qualidade; engenharia do produto; engenharia organizacional; engenharia econômica; engenharia do trabalho; engenharia da sustentabilidade; educação em engenharia de produção.

Neste capítulo, para que você compreenda as características, os objetivos, os processos subjacentes, entre outros aspectos, dessas áreas, identificando a amplitude de sua empregabilidade, descreveremos e examinaremos com profundidade cada uma delas.

3.1 Engenharia de operações e processos da produção

Um dos atributos do engenheiro de produção é a capacidade de aplicar conceitos de gestão a processos produtivos sob sua responsabilidade. Isso significa que ele deve tanto exercer funções administrativas clássicas (planejar, organizar, dirigir e controlar) quanto utilizar ferramentas de gestão de projetos, as quais viabilizam a entrega adequada dos serviços relativos à engenharia. Para tanto, esse profissional precisa adotar uma visão sistêmica e estratégica do processo produtivo e da organização em que atua.

No Brasil, desde a década de 1990, com a abertura do mercado nacional, as empresas tiveram de se adequar às novas exigências mercadológicas para se manterem à frente de suas concorrentes e poderem oferecer valor real a seus clientes.

> **Fique atento!**
>
> Buscando incentivar a competição e a competitividade das atrasadas indústrias brasileiras, [...] [o governo Collor propôs] "as políticas de intensificação da abertura econômica e de privatização [...]". [...] Nesse contexto:
>
>> As tarifas foram gradualmente abolidas, a reserva de mercado de certos produtos (especialmente computadores) foi eliminada e vários estímulos às exportações também foram removidos. [...] Além disso foram instituídas várias medidas para facilitar os investimentos estrangeiros. O objetivo de todas essas medidas foi o de aumentar a eficiência da economia por meio da concorrência estrangeira e a entrada de investimentos estrangeiros diretos. (BAER, 2009, p. 277)
>
> Esse novo governo entendia então que a abertura comercial, aliada à privatização, figurava como condição *sine qua non* para o crescimento de uma economia que apresentava as sequelas da prolongada manutenção do modelo de industrialização por substituição de importações (ISI). A busca por maior competição foi a pedra de toque das medidas de abertura comercial do novo governo em 1990. [...]

> O aumento da competição se daria por meio da quebra do protecionismo estatal sobre as empresas aqui instaladas e com a possibilidade de entrada de produtos e empresas estrangeiras, mais desenvolvidos e capazes de forçar o desenvolvimento da qualidade da produção e dos produtos brasileiros. [...]

Fonte: Santos, 2009, p. 116.

Esse cenário exigiu do engenheiro de produção maior participação nas decisões estratégicas da empresa e, conforme Neumann (2013), demandou a percepção da velocidade cada vez maior desse processo de tomada de decisão, da redução vertiginosa do ciclo de vida dos produtos, da escassez crescente de recursos materiais e da elevada competitividade dos mercados. Além disso, em decorrência dessa conjuntura, conhecimentos e habilidades referentes a sistemas de operações e processos produtivos passaram a ser um diferencial na atuação empresarial e na manutenção de uma posição sustentável ante o mercado.

Na sequência, abordaremos as várias situações em que tais competências e saberes podem ser demonstrados pelo engenheiro de produção na área de operações e processos.

3.1.1 Gestão de sistemas de produção e operações

Uma vez que o engenheiro de produção tem sob sua responsabilidade os sistemas produtivos da organização em que trabalha, precisa, antes, compreender o que é um sistema e como gerenciá-lo.

O que é

É possível conceituar **sistema** como um "conjunto de elementos interdependentes e interagentes ou um grupo de unidades combinadas que formam um todo organizado" (Chiavenato, 2014, p. 339). Esse conjunto/grupo é constituído por, como se nota na Figura 3.1, uma entrada (*input*), por onde todos os insumos necessários ao sistema, provenientes do ambiente externo, chegam; um processamento, em que se transformam entradas em saídas; e uma saída, por meio da qual se disponibiliza o produto (bem ou serviço) ao ambiente externo ao sistema.

Figura 3.1 – Sistema produtivo

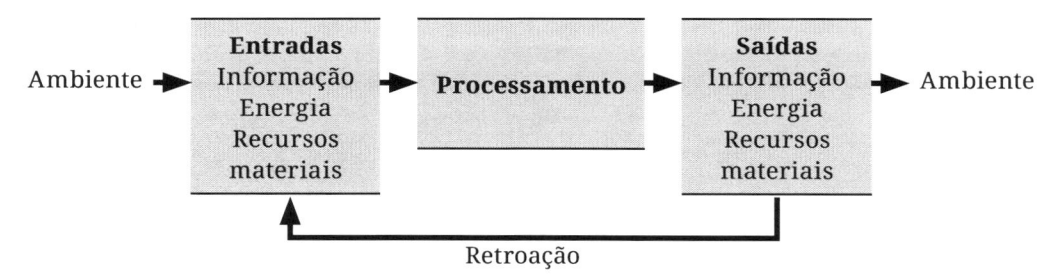

Ambiente → **Entradas** Informação Energia Recursos materiais → **Processamento** → **Saídas** Informação Energia Recursos materiais → Ambiente

Retroação

Fonte: Chiavenato, 2006, p. 248, citado por Garcia, 2016, p. 88.

Tendo em conta o exposto, é fundamental verificar se as saídas do sistema estão corretas. Caso não estejam, deve-se realizar o *feedback*, ou retroação, para ajustar ou modificar os processos. Ainda, é necessário perceber que qualquer sistema estará imerso em um espaço externo e interagirá com os elementos deste, ou seja, deve-se identificar e compreender as particularidades e os constituintes desse ambiente.

Para entender com maior clareza esses sistemas, pode-se classificá-los conceitualmente. Moreira (2012, p. 9), de acordo com o fluxo do processo produtivo, divide-os em três tipos distintos: "a. sistemas de produção contínua ou de fluxo em linha; b. sistemas de produção por lotes ou por encomenda (fluxo intermitente); c. sistemas de produção para grandes projetos sem repetição". Nessa forma de categorização, observa-se a maneira como o produto se desloca dentro do processo produtivo. Também é factível empreender essa classificação conforme o modo de saída, a saber: sistema empurrado (tradicional) ou sistema puxado (*just in time* – JIT), que explicaremos na próxima seção.

3.1.2 Planejamento, programação e controle da produção (PPCP)

Para que as empresas alcancem seus objetivos de forma eficaz, utilizando adequadamente os recursos à sua disposição, precisam planejar antecipadamente seus processos e controlá-los à medida que as ações são efetuadas. A área incumbida dessas funções de organização e gestão é a de planejamento, programação e controle da produção (PPCP), que, segundo Bezerra (2013, p. 11), desenvolve e utiliza "vários procedimentos para operacionalizar o processo de produção de um bem ou serviço". Esses procedimentos são determinados de acordo com o tipo de processo produtivo da organização, isto é, sistema empurrado ou sistema puxado.

No caso do **sistema empurrado**, no qual os itens são produzidos antes de qualquer venda e estocados até saírem do sistema, as ações de PPCP envolvem: prever demandas; realizar o plano-mestre de produção observando-se as quantidades a serem fabricadas e o tempo de criação; distribuir ordens de produção pelo processo produtivo; organizar o estoque de forma que contenha o mínimo necessário para atender clientes sem gerar custos altos; e verificar se todo o sistema está funcionando conforme o planejado. A seguir, esses procedimentos são apresentados na Figura 3.2.

Figura 3.2 – Sistema de produção empurrado

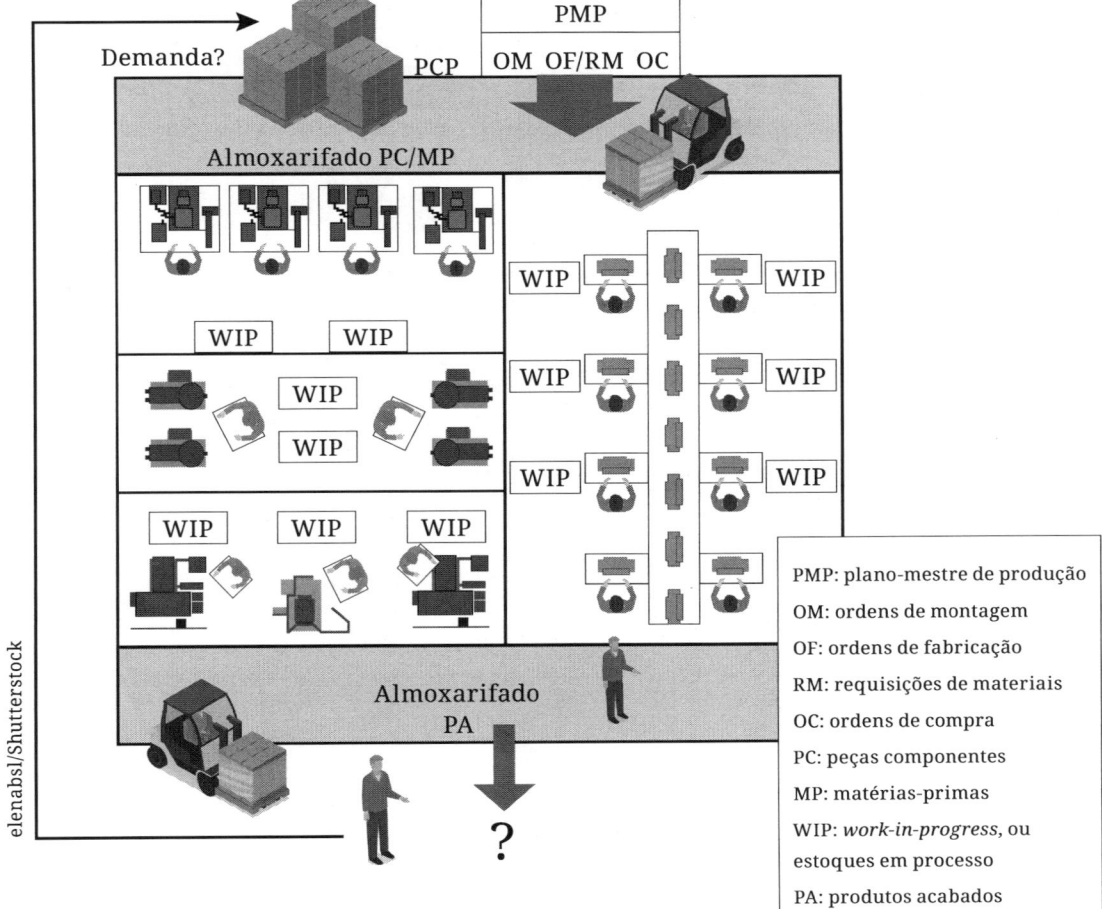

PMP: plano-mestre de produção
OM: ordens de montagem
OF: ordens de fabricação
RM: requisições de materiais
OC: ordens de compra
PC: peças componentes
MP: matérias-primas
WIP: *work-in-progress*, ou estoques em processo
PA: produtos acabados

Fonte: Tubino, 1999, p. 35.

No caso do **sistema puxado**, como a ordem de produção só é dada quando o produto é solicitado pelo cliente, modificam-se as funções do PPCP, que passa a atuar com modelos japoneses de gestão, em especial empregando o sistema *kanban*, que consiste em autorizar a produção por meio de sinais visuais direcionados a quem executa o trabalho.

A Figura 3.3 demonstra o funcionamento desse sistema.

Figura 3.3 – Sistema de produção puxado (JIT)

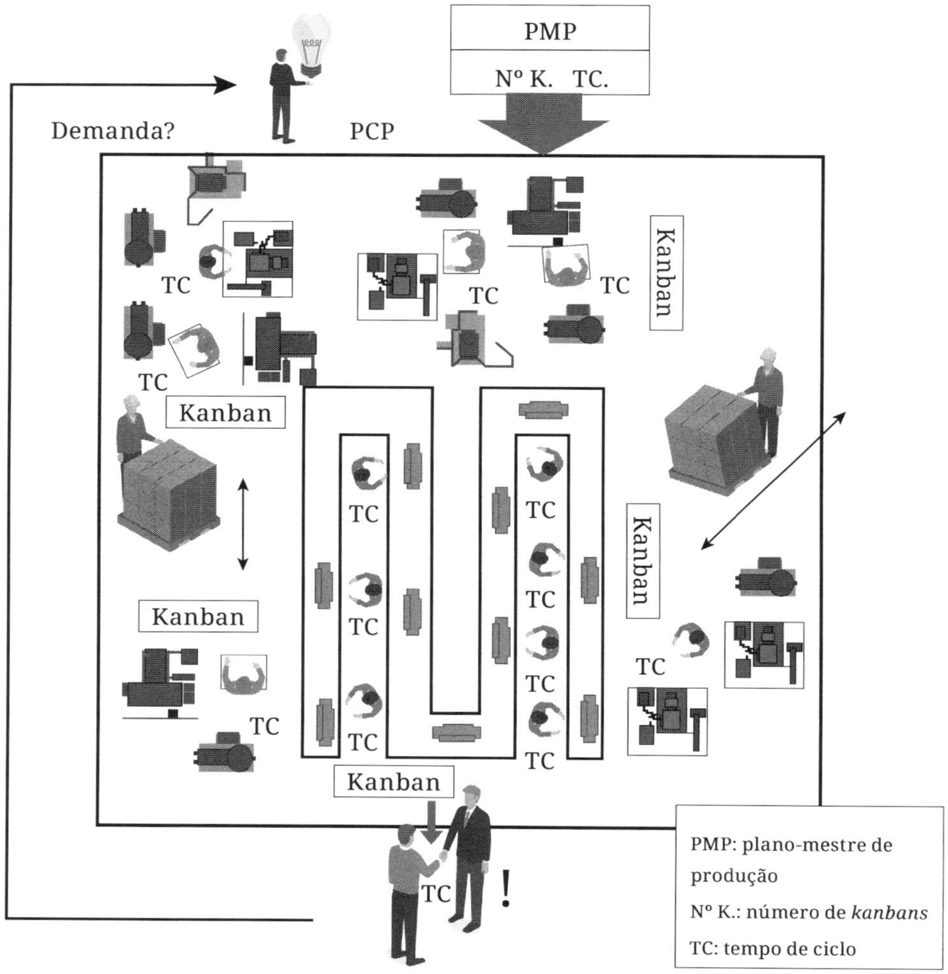

elenabsl/Shutterstock

Fonte: Tubino, 1999, p. 37.

Independentemente do tipo de sistema produtivo, compete também ao PPCP programar a produção. Para tanto, selecionam-se os sistemas de informação que auxiliarão nessa tarefa, desde um simples *Material Requirements Planning* (MRP), que assiste a regulação de tempo e de quantidade a ser produzida, passando pelo *Enterprise Resource Planning* (ERP), cuja função é integrar as várias áreas e as funções internas da empresa, até os atuais sucessores do ERP, como o *Alternate Enterprise Resource Planning* (X-ERP), ou ERP estendido, que integra não somente as funções internas, mas também elementos externos ao sistema produtivo, como clientes ou fornecedores, e armazena informações em nuvens.

3.1.3 Gestão da manutenção

Os sistemas produtivos são compostos, entre outros elementos, por equipamentos e máquinas, que devem estar disponíveis e em perfeito funcionamento quando solicitados, permitindo que o processo de fabricação ocorra tal como idealizado. Para assegurar isso, o engenheiro de produção deve dispor de um sistema de gestão de manutenção eficaz e capaz de evitar quebras ou paradas inesperadas.

Existem três tipos distintos de manutenção no âmbito empresarial: a corretiva, a preventiva e a preditiva. A **manutenção corretiva** é a que menos se deseja fazer, pois, em geral, significa que um problema interrompeu as atividades em progresso, e o conserto da máquina/equipamento será realizado para retomá-las. A **manutenção preventiva**, por sua vez, é planejada e executada com uma frequência predeterminada, quer o equipamento esteja com problemas, quer não. Seu objetivo é, conforme Seleme (2015, p.19), "reduzir a probabilidade de falha ou a degradação de funcionamento de um item". Já a **manutenção preditiva** parte do pressuposto de que o ideal em termos de manutenção é aplicar técnicas de análise para minimizar as manutenções corretivas e preventivas. Para realizar essas análises, diagnosticando-se as condições de itens/equipamentos, "utiliza-se de métodos de medição modernos e de processamento de sinais" (Seleme, 2015, p. 19).

É importante, neste ponto, citar também a ***Total Productive Maintenance*** (TPM), técnica criada no Japão para aprimorar as práticas de manutenção. Na TPM, todos os operários ficam responsáveis por pequenas ações relacionadas à manutenção e incluídas em sua rotina de trabalho. Assim, obtém-se uma série de benefícios para o processo produtivo, como eliminação de perdas, redução de paradas e garantia da qualidade dos processos produtivos (Seleme, 2015).

Para promover esses reparos, elabora-se um plano, um documento em que se estipulam todos os procedimentos a serem efetivados, com a descrição das máquinas e equipamentos que passarão pela manutenção, do tipo de manutenção que deverão sofrer, da frequência dessa intervenção e dos recursos aplicados.

3.1.4 Projeto de fábrica e de instalações industriais: organização industrial, *layout*/arranjo físico

O projeto de fábrica e de instalações industriais envolve o planejamento estratégico do processo produtivo e a tomada de relevantes decisões para que tal produção funcione eficazmente, como a escolha do local de instalação de uma planta industrial ou de outra organização, a definição do tipo de operação, a organização do tipo de *layout* mais adequado às operações instauradas e o dimensionamento dos recursos necessários a essas operações.

Para selecionar satisfatoriamente o espaço da empresa, o que se constitui em uma decisão estratégica em termos de custos e de sobrevivência no mercado, é de incumbência do engenheiro de produção a análise de diversos fatores: a proximidade com fornecedores e clientes, a disponibilidade de infraestrutura viária, de infovias e de meios de transporte; a proximidade de portos, aeroportos e centros de distribuição; a existência de locais vagos adequados e de baixo custo; a possível isenção de impostos; a disponibilidade de fornecedores de serviços como bancos, centros de negócios, supermercados e espaços para eventos e feiras. Também é importante considerar: o grau de escolarização da mão de obra à disposição; a existência de sindicatos que intervenham no relacionamento entre a empresa e seus funcionários; o valor médio dos salários na região; entre outros.

Definido esse local, planejam-se seus aspectos físicos. Para tanto, dimensionam-se os recursos a serem utilizados e realizam-se estudos de *layout*. Existem vários tipos de *layout*, que atendem a diferentes demandas da empresa e adéquam-se melhor a determinados sistemas produtivos, a saber: arranjo físico posicional; arranjo físico por processo; arranjo físico celular; arranjo físico por produto; e arranjos físicos mistos (Slack; Brandon-Jones; Johnston, 2018).

Quadro 3.1 – Tipos de arranjo físico (*layout*)

Tipos de processo de fabricação	Tipos de arranjo físico básicos		Tipos de processo de serviço
Processos do projeto	Arranjo físico posicional Arranjo físico funcional	Arranjo físico posicional Arranjo físico funcional Arranjo físico celular	Serviços profissionais
Processos de *jobbing*	Arranjo físico funcional Arranjo físico celular		
Processos de lote	Arranjo físico funcional Arranjo físico celular	Arranjo físico funcional Arranjo físico celular	Loja de serviço
Processos em massa	Arranjo físico celular Arranjo físico por produto	Arranjo físico celular Arranjo físico por produto	Serviços em massa
Processos contínuos	Arranjo físico por produto		

Fonte: Slack; Brandon-Jones; Johnston, 2018, p. 241.

Para uma acertada decisão do *layout* da organização, é primordial ter em conta o processo produtivo a ser conduzido e questões a ele concernentes, como a posição do produto (fixo ou em movimento), a disponibilidade de equipamentos dedicados ou de uso geral, as quantidades a serem produzidas e a possibilidade de interrupção do processo.

3.1.5 Processos produtivos discretos e contínuos: procedimentos, métodos e sequências

O planejamento da criação de um bem ou serviço depende do tipo de produto resultante dessa operação. Considerando-se isso, conforme Tubino (1999), as operações podem ser divididas em processo **contínuo**, cujo resultado é um produto que não pode ser identificado individualmente, e processo **discreto**, cujo resultado é um produto isolado em unidades ou lotes. Por culminarem em itens diferentes, esses processos também têm características distintas, como se nota no Quadro 3.2.

Quadro 3.2 – Características dos processos produtivos

	Contínuo	Rep. em massa	Rep. em lotes	Projeto
Volume de produção	Alto	Alto	Médio	Baixo
Variedade de produtos	Pequena	Média	Grande	Pequena
Flexibilidade	Baixa	Média	Alta	Alta
Qualificação da MOD	Baixa	Média	Alta	Alta
Layout	Por produto	Por produto	Por processo	Por processo
Capacidade ociosa	Baixa	Baixa	Média	Alta
Lead time	Baixo	Baixo	Médio	Alto
Fluxo de informações	Baixo	Médio	Alto	Alto
Produtos	Contínuos	Em lotes	Em lotes	Unitário

MOD: mão de obra; Rep.: repetitivos.
Fonte: Tubino, 1997, p. 29.

O quadro apresenta variáveis dos tipos de processo produtivo e comportamentos específicos destes, ressaltando que o discreto pode ser fragmentado em três outras operações: repetitivo em massa, repetitivo em lotes e por projeto. Cada um deles exige do engenheiro de produção uma forma específica de gerenciamento para que seja profícuo.

3.1.6 Engenharia de métodos

Como vimos no capítulo anterior, o estudo de métodos teve início no século XX, quando pesquisadores dos modos de trabalho em fábricas formularam métodos científicos para elevar a produtividade dos funcionários. O mais importante deles, sem dúvida, foi Frederick Taylor, para quem era necessário planejar as tarefas do operário, de forma a aproveitar o máximo de sua energia. Assim, ele alcançaria a máxima eficiência, produzindo mais no mesmo tempo, e a empresa obteria mais lucratividade. A implementação desse método ocorria por meio da administração científica.

> **O que é**
>
> A **administração científica** pode ser entendida sob dois vieses: a busca, mediante experimentos, do melhor caminho (*one best way*) para se executar uma operação; e a divisão do trabalho entre os operários e o engenheiro, cabendo ao segundo encontrar e organizar esses melhores meios de efetuar tarefas e aos primeiros cumprir o estipulado pelo engenheiro.

Segundo Mendes (2003, p. 38), essa descoberta do melhor meio é "feita levando-se em conta o material mais indicado, os melhores instrumentos de trabalho, ferramentas e máquinas, a melhor manipulação dos instrumentos, o melhor fluxo de trabalho e a mais lógica sequência de movimentos".

Contribuindo para os estudos de Taylor e baseando-se em sua proposta de decompor atividades em diversos pequenos movimentos, medidos temporalmente, Frank e Lillian Gilbreth também se dedicaram àquela empreitada. O casal examinou os movimentos de um operário ao executar um trabalho e identificou 17 tipos:

1. alcançar;
2. pegar;
3. mover;
4. colocar em posição;
5. juntar (posicionar);
6. desmontar (separar);
7. usar;
8. soltar;
9. procurar;
10. encontrar;
11. escolher;
12. pré-colocar em posição (preparar);
13. pensar;
14. examinar;
15. atraso inevitável;
16. atraso evitável;
17. tempo de descanso. (Agostinho, 2015, p. 93-94)

Após um tempo, foi acrescido o 18° elemento: segurar.

> **Curiosidade**
>
> Lillian Gilbreth, pioneira no estudo sobre ergonomia, era mãe de 12 filhos, 6 meninos e 6 meninas. Mesmo com todos os afazeres de dona de casa, de mãe e de esposa (ou, talvez, por isso mesmo), realizou formalmente dois doutorados, escreveu livros e artigos e, depois da morte do marido, Frank Gilbreth, esteve à frente de sua empresa de consultoria e, ainda, dava aulas.
>
> De acordo com seus filhos, para dar conta de todas essas atividades, sua família era administrada com base nos princípios da eficiência no trabalho. Havia método para tudo, de tomar sopa na hora do jantar até a forma de se barbear dos rapazes da casa. Lillian ainda implantou inovações na rotina do lar, como a lata de lixo embutida e as prateleiras na porta da geladeira.
>
> A história da família Gilbreth serviu de inspiração para o filme *Doze é demais*, uma comédia estrelada por Steve Martin (Goodwin, 2005).

A engenharia de métodos investiga e analisa o trabalho nas organizações, a fim de "desenvolver métodos práticos e eficientes" (Tardin et al., 2013, p. 3) para padronizá-lo. Para tanto, emprega ferramentas como fluxogramas, mapofluxograma, gráfico das duas mãos e estudo de tempos e

> estuda a concepção e a seleção da melhor organização da atividade, ainda avalia o melhor método de produção, dos processos, do uso das ferramentas e equipamentos e das competências operacionais para produzir um produto. Com o objetivo de reduzir o tempo de produção para o mercado, garantir maior qualidade e padronização, e ainda facilidade e economia de meios na fase de industrialização e de produção. (Tardin et al., 2013, p. 3)

Em síntese, as análises realizadas pela engenharia de métodos contribuem para o alcance de metas de produtividade e de eficiência, fundamentais para que as empresas possam ser mais competitivas no mercado, visto que a melhoria nessa área auxilia na redução dos custos organizacionais.

3.2 Logística

O campo da logística tem um extenso relacionamento com o progresso da humanidade ao longo da história, uma vez que as primeiras ações logísticas foram empreendidas quando, ainda nômade, o homem buscou melhores locais para sobreviver e alimentar-se bem. Superada essa condição nômade, ele precisou lidar com novas necessidades logísticas, pois passou a produzir alimentos e, por consequência, a ter de estocá-los.

Outros momentos da história também são lembrados pelas ações logísticas: o transporte de pedras para a construção das grandes pirâmides no Egito Antigo; a construção de estradas no Império Romano, muitas delas ainda em uso no momento, como a Via Ápia, iniciada em 312 a.C. (vista na Figura 3.4); ou seu emprego em situações militares, como a Primeira e a Segunda Guerra Mundial.

Figura 3.4 – Via Ápia hoje

matremors/Shutterstock

A logística atual, por sua vez, deriva de conceitos e usos militares e somente começou a ser estudada e utilizada pelas organizações após a Segunda Guerra Mundial.

Inicialmente entendida pelas empresas como dois campos separados – o interno à instituição, direcionado aos estoques e à movimentação de material, e o externo, centrado no transporte de matéria-prima e nos produtos acabados –, a logística vem ampliando seu escopo, também em virtude de seu desenvolvimento teórico, ao contemplar funções internas e externas em uma gestão geral da cadeia de suprimentos.

De acordo com o Council of Supply Chain Management Professionals (CSCMP), a maior associação de profissionais envolvidos com *supply chain management* (gestão da cadeia de suprimentos) no mundo, a logística é

> aquela parte do gerenciamento da cadeia de suprimentos que planeja, implementa e controla de maneira eficiente e efetiva os fluxos diretos e reversos, a armazenagem de bens, os serviços e as informações relacionadas entre o ponto de origem e o ponto de consumo para atender às necessidades dos clientes. (CSCMP, 2020, tradução nossa)

Hoje, esse campo é o que apresenta maior demanda por engenheiros de produção, englobando as subáreas elencadas na Figura 3.5.

Figura 3.5 – Subáreas da logística

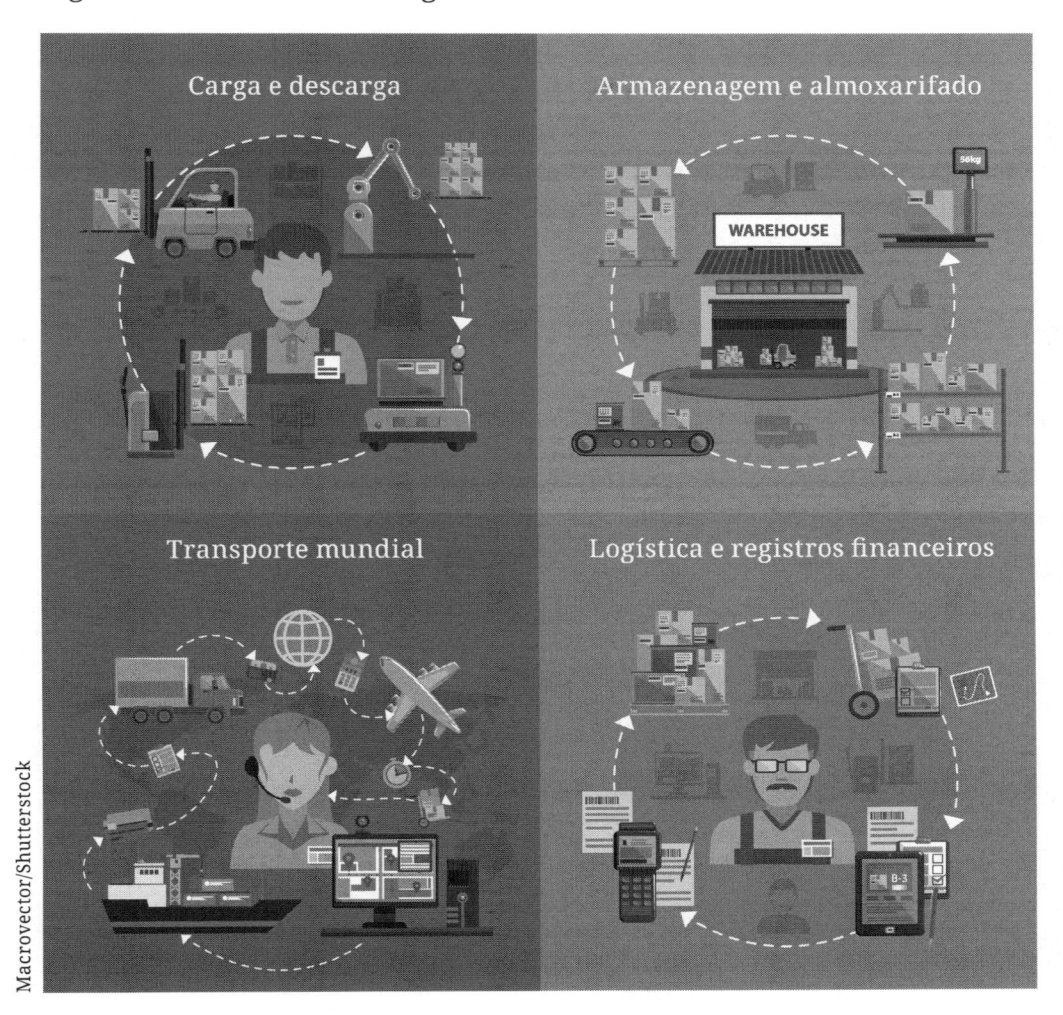

| Carga e descarga | Armazenagem e almoxarifado |
| Transporte mundial | Logística e registros financeiros |

Macrovector/Shutterstock

Ademais, a logística conta com "técnicas para o tratamento das principais questões envolvendo o transporte, a movimentação, o estoque e o armazenamento de insumos e produtos, visando a redução de custos, a garantia da disponibilidade do produto, bem como o atendimento dos níveis de exigências dos clientes" (Abepro, 2020).

3.2.1 Gestão da cadeia de suprimentos

A cadeia de suprimentos, ou *supply chain*, diz respeito ao relacionamento entre uma empresa focal (com grande poder de negociação em relação às outras empresas componentes dessa cadeia), seus fornecedores e seus clientes. Compete ao engenheiro de produção mapear, tal como ilustrado na Figura 3.6, e analisar a cadeia de suprimentos da organização em que trabalha.

Figura 3.6 – Mapeamento da cadeia de suprimentos

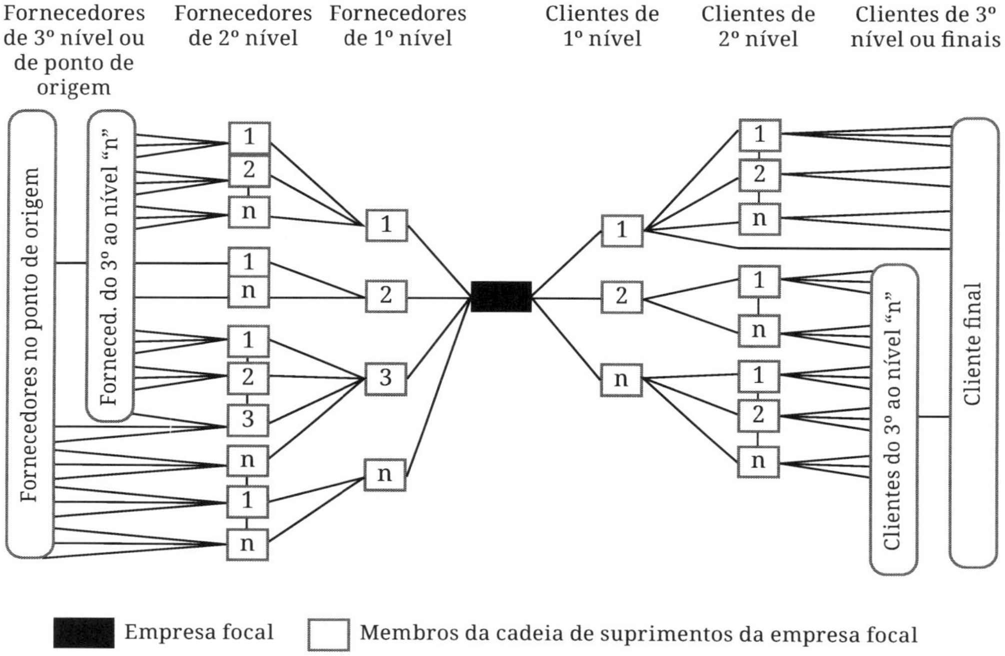

Fonte: Lambert; Cooper; Pagh, 1998, p. 3, tradução nossa.

Esse relacionamento deve ser gerenciado em todos os seus níveis, desde os fornecedores e os clientes mais próximos à organização até aqueles mais indiretos ou distantes, uma vez que a responsabilidade pelo produto é da empresa focal, e ela só terá vantagem competitiva (menores prazos de entrega, maior qualidade e custos reduzidos, por exemplo) sobre seus concorrentes se controlar os fluxos logísticos.

3.2.2 Gestão de estoques

O gerenciamento de estoques é de fundamental importância tanto no que concerne ao ambiente físico da organização, já que produtos prontos, em processamento e matéria-prima são acondicionados nele, quanto no que se refere ao custo gerado pelo uso desse local.

Nesse sentido, deve-se estocar uma quantidade adequada de itens, de modo a garantir que o produto final seja entregue ao cliente no prazo correto, mas sem demandar aumento dos gastos com armazenagem. Para tanto, o engenheiro de produção pode calcular a quantidade ideal por meio de ferramentas matemáticas como o lote econômico.

Também é necessário alocar os estoques coerentemente, para que estejam à disposição no momento necessário, sem gerar dificuldade para encontrar itens por estarem desorganizados/perdidos. Ademais, recursos de maior valor precisam de atenção especial para seu gerenciamento. Para isso, é possível usar, por exemplo, a curva ABC, baseada no princípio de Pareto[1].

3.2.3 Projeto e análise de sistemas logísticos

Para obterem um bom resultado na gestão dos fluxos de materiais numa cadeia de suprimentos, as empresas têm adotado ferramentas informatizadas que lhes oferecem benefícios como "a redução de prazos de processamento e de custos operacionais" (Morais, 2015, p. 202).

Esses sistemas de informações logísticas devem ser escolhidos por sua capacidade de "fornecer informações atualizadas sobre a distribuição de produtos acabados e o recebimento de suprimentos, bem como indicar a situação interna das operações logísticas" (Morais, 2015, p. 202). Portanto, "devem ser projetados de maneira que as pessoas possam controlá-los, entendê-los e utilizá-los sem riscos de falhas ou de informações incorretas" (Morais, 2015, p. 202).

3.2.4 Logística empresarial

Atualmente, define-se a logística em termos empresariais, ou seja, trata-se de atividades relacionadas ao fluxo de mercadorias em organizações. Nessa direção, a função da logística empresarial é acompanhar esse fluxo, representado aqui pela Figura 3.7, da matéria-prima disponível no fornecedor ao produto final com o consumidor.

---

[1] O princípio de Pareto diz respeito à situação em que 80% dos problemas devem-se a 20% das causas. Assim, podem ser priorizadas as causas mais relevantes, visto que sua resolução trará mais resultados positivos.

Figura 3.7 – Fluxos logísticos

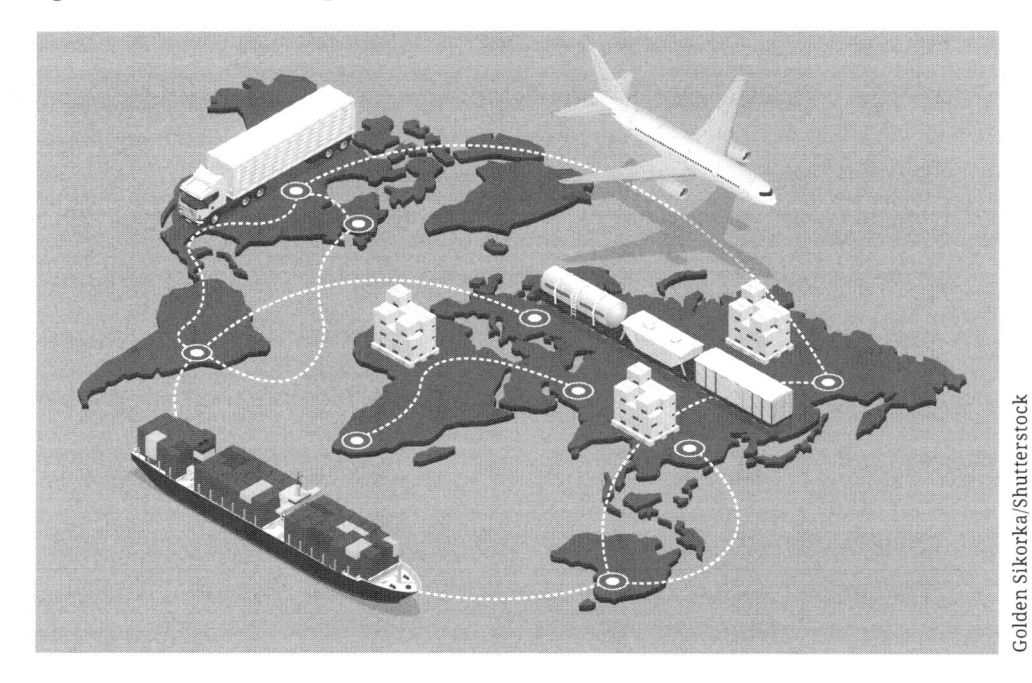

Conforme Ballou (2007), além do fluxo de mercadorias físicas, cabe à logística verificar o fluxo de serviços. Por isso, o autor sugere que ela é um processo, o que significa que "inclui todas as atividades importantes para a disponibilização de bens e serviços aos consumidores quando e onde estes quiserem adquiri-los" (Ballou, 2007, p. 27).

3.2.5 Transporte e distribuição física

Uma das atividades logísticas mais sobressalentes, às vezes até mesmo confundida com a própria logística em si, é o transporte, isto é, a movimentação física dos materiais externa à organização. Essa movimentação pode efetivar-se por meio de cinco modais básicos: hidroviário, ferroviário, rodoviário (o mais utilizado no Brasil), aeroviário e dutoviário. Como é a atividade que mais acarreta custos ao processo logístico, sua análise e seu planejamento são de vital importância para as organizações.

Quanto à distribuição física, refere-se aos "processos operacionais e de controle que permitem transferir os produtos desde o ponto de fabricação até sua entrega ao consumidor [final]" (Morais, 2015, p. 146). Essa parte da logística empresarial corresponde, portanto, ao conjunto das operações associadas à transferência de bens e ao fluxo de informações atrelado a essas transferências.

3.2.6 Logística reversa

Uma área mais recente no âmbito da logística empresarial é a logística reversa, cuja atribuição maior é auxiliar nos projetos de sustentabilidade das organizações. Para tanto, procura projetar o retorno de produtos inservíveis, ou seja, dos bens de pós-venda e pós-consumo, à organização. Para Leite (2002, p. 2), essa logística agrega valor aos produtos que retornam e à própria empresa nos aspectos "econômico, ecológico, legal, logístico, de imagem corporativa, entre outros".

No Brasil, a logística reversa foi proposta na Política Nacional de Resíduos Sólidos (PNRS), instituída pela Lei n. 12.305, de 2 de agosto de 2010 (Brasil, 2010b), e em seu regulamento, o Decreto n. 7.404, de 23 de dezembro de 2010 (Brasil, 2010a), no qual se destacam a responsabilidade compartilhada pelo ciclo de vida dos produtos e a própria logística reversa.

A PNRS define, em seu art. 3º, que essa responsabilidade corresponde ao

> XVII – [...] conjunto de atribuições individualizadas e encadeadas dos fabricantes, importadores, distribuidores e comerciantes, dos consumidores e dos titulares dos serviços públicos de limpeza urbana e de manejo dos resíduos sólidos, para minimizar o volume de resíduos sólidos e rejeitos gerados, bem como para reduzir os impactos causados à saúde humana e à qualidade ambiental decorrentes do ciclo de vida dos produtos, nos termos desta Lei. (Brasil, 2010b)

No mesmo artigo, conceitua *logística reversa* como

> XII – [...] instrumento de desenvolvimento econômico e social caracterizado por um conjunto de ações, procedimentos e meios destinados a viabilizar a coleta e a restituição dos resíduos sólidos ao setor empresarial, para reaproveitamento, em seu ciclo ou em outros ciclos produtivos, ou outra destinação final ambientalmente adequada. (Brasil, 2010b)

A Figura 3.8 apresenta áreas de atuação e etapas dessa logística.

Figura 3.8 – Logística reversa

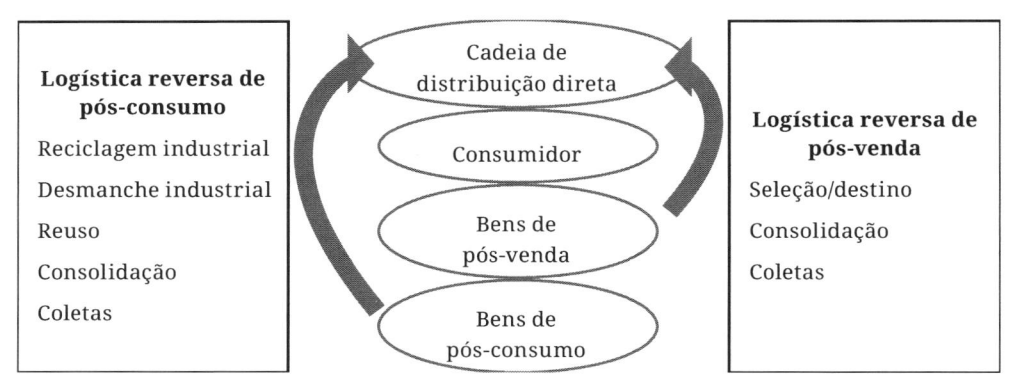

Logística reversa de pós-consumo
Reciclagem industrial
Desmanche industrial
Reuso
Consolidação
Coletas

Cadeia de distribuição direta
Consumidor
Bens de pós-venda
Bens de pós-consumo

Logística reversa de pós-venda
Seleção/destino
Consolidação
Coletas

Fonte: Leite, 2002, p. 2.

A adoção da logística reversa pelas empresas tem se tornado uma conduta relevante para os consumidores, que podem escolher, entre instituições concorrentes, as que oferecem esse serviço, demonstrando preocupação com o meio ambiente e a destinação de seus produtos.

3.2.7 Logística de defesa

A logística de defesa concerne ao provimento de meios para compor as Forças Armadas e sustentar suas operações em quaisquer situações em que tenham de ser empregadas. De acordo com Brick (2014, p. 12),

> A Base Logística de Defesa (BLD) inclui toda a infraestrutura e as instituições do país envolvidas com atividades de aparelhamento de meios de defesa e mobilização de ativos e recursos, de qualquer natureza, disponíveis no país, para fins de defesa. A BLD é formada pela infraestrutura industrial; científico-tecnológica; de inteligência e de financiamento da defesa; por aquela voltada para o planejamento e execução da mobilização dos recursos nacionais utilizáveis para fins de defesa; pela infraestrutura de apoio logístico, destinada a garantir o aprestamento dos meios de defesa durante todo o seu ciclo de vida útil e pela infraestrutura de comercialização de produtos de defesa. A BLD também necessita de uma infraestrutura para a gestão da inovação e aquisição de produtos de defesa e de um arcabouço regulatório

e legal específico, que a ordena e dá ao Estado
a possibilidade de empreender ações para a sua sustentação
e desenvolvimento.

A Figura 3.9 exemplifica a atuação desse tipo de logística.

Figura 3.9 – Base logística

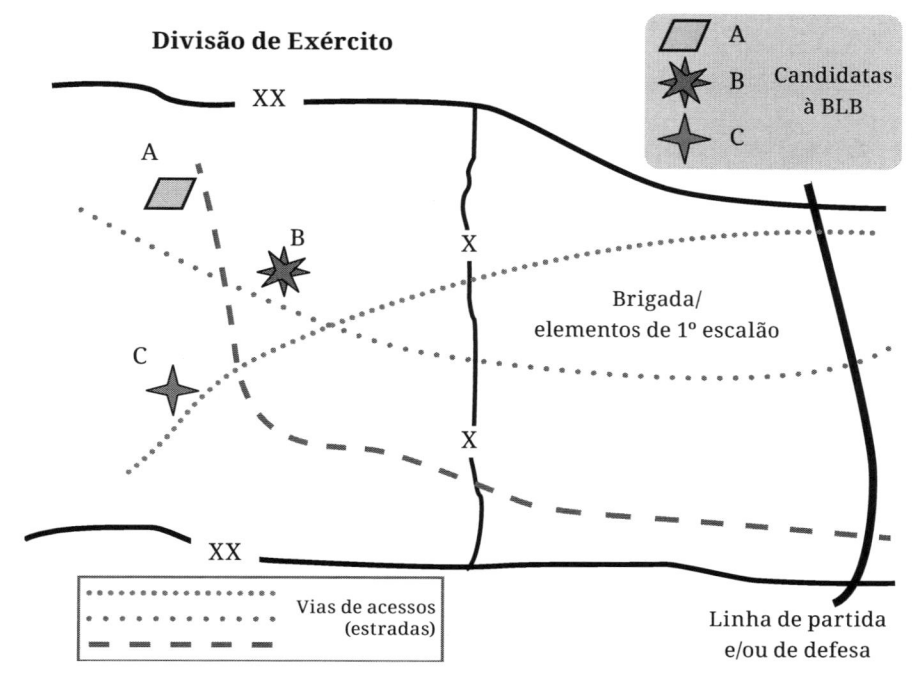

Fonte: Silva et al., 2014, p. 426.

O mapeamento logístico militar da imagem elenca os elementos necessários para verificar acessos, os caminhos a serem percorridos, bem como a localização das bases que receberão ou enviarão recursos em transporte. Desse modo, o roteamento fica bastante visível e mais fácil de ser implementado.

3.2.8 Logística humanitária

Outra área associada às operações logísticas é a logística humanitária, que visa oferecer uma cadeia de assistência a sujeitos em situação de vulnerabilidade. Essa cadeia de assistência é composta por pessoas, recursos e conhecimentos, que são mobilizados para ajudar em desastres ou emergências.

De acordo com Nogueira, Gonçalves e Oliveira (2009, p. 2), "na perspectiva da logística humanitária, o auxílio deve chegar ao seu destino de maneira correta e em tempo oportuno sempre com foco no alívio do sofrimento e na preservação da vida". Os autores também destacam variáveis que podem interferir na eficácia dessa logística, a saber:

- **materiais**: o que é necessário? para onde deve ser enviado? acúmulo de doações nas primeiras semanas, gerando assim desperdícios e avarias, devido a itens inadequados;
- **ausência de processos coordenados**: informações, pessoas e materiais;
- **infraestrutura**: na maior parte dos casos destruída, dificultando assim o acesso, a chegada de recursos e a saída de pessoas;
- **recursos humanos**: excesso de pessoas (voluntários) sem treinamento adequado, heróis que agem somente com a emoção, celebridades que só querem aparecer neste momento, pessoas que vão para o local e não conhecem a magnitude do problema. (Nogueira; Gonçalves; Oliveira, 2009, p. 2-3, grifo do original)

Embora pouco explorada na literatura da área e de discussão recente no Brasil, essa logística é essencial para a eficácia da assistência humanitária, em especial pela urgência que, normalmente, há nas situações de risco e na possibilidade de salvar ou não vidas, em virtude da prontidão e da qualidade desse atendimento logístico.

3.3
Pesquisa operacional

Uma vez que se dedica à tomada de decisões mediante a aplicação de modelos matemáticos, a pesquisa operacional exige conhecimento de modelagem matemática e domínio de simulações computacionais, cujo uso maximiza os resultados na resolução de problemas organizacionais reais, aumentando lucro/receita ou reduzindo custos/tempo. Essa área

Aplica conceitos e métodos de outras disciplinas científicas na concepção, no planejamento ou na operação de sistemas para atingir seus objetivos. Procura, assim, introduzir elementos de objetividade e racionalidade nos processos de tomada de decisão, sem descuidar dos elementos subjetivos e de enquadramento organizacional que caracterizam os problemas. (Abepro, 2020)

A seguir, examinaremos as diversas possibilidades de aplicação da pesquisa operacional.

3.3.1 Modelagem, simulação e otimização

Uma conduta básica da engenharia é modelar e simular a resolução da situação-problema antes de colocá-la em prática. Faz-se a modelagem, ou seja, a representação simbólica de um sistema físico real (como na Figura 3.10), para que descreva o comportamento deste. Isso possibilita definir a melhor solução possível para o momento em termos de custos e de eficiência, bem como evitar riscos desnecessários ao testá-la diretamente na situação real.

Figura 3.10 – Simulação de processo produtivo

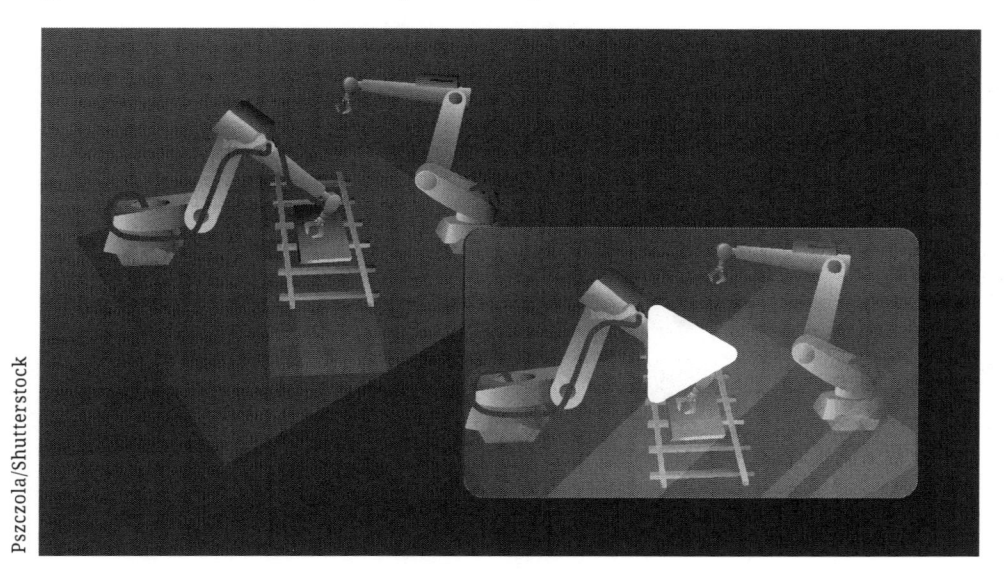

Pszczola/Shutterstock

Um modelo pode ser desenvolvido de múltiplas formas (por exemplo, icônica, diagramática, matemática ou gráfica), e o engenheiro deve selecionar a mais adequada conforme as características do que se deseja representar.

Também é possível simular sistemas para implantá-los ou melhorá-los. Nessa situação, busca-se replicá-los em detalhes, de maneira idêntica, e modela-se computacionalmente o problema, a fim de conduzir experimentos. Assim, pode-se não só observar o sistema sem precisar modificá-lo na situação real, sem ter obtido a solução ótima, como também predizer seu comportamento futuro.

Existem vários *softwares* de simulação ao alcance do engenheiro de produção, como o Flexsim, que pode auxiliar na análise dos distintos tipos de sistemas industriais (manufatura, movimentação de materiais, estocagem, entre outros). Há, ainda, o Arena, que permite simular diversos processos produtivos, podendo ser utilizado na análise de filas ou de linhas produtivas, por exemplo.

Assim como na escolha do modelo, é importante que o engenheiro compreenda bem a situação-problema para decidir como simulá-la, qual *software* empregar e qual deles propiciará prever melhor os acontecimentos que estão sendo investigados.

3.3.2 Programação matemática

A programação matemática visa ao aprimoramento de sistemas mediante o estudo e a formulação de soluções baseadas em funções matemáticas para certas problemáticas, sendo a programação linear uma das mais conhecidas.

Conforme Hillier e Lieberman (2013), a programação linear permite centenas de aplicações distintas em situações nas quais os recursos são escassos e devem ser bem alocados para otimizar seu uso, como a definição do *mix* de produtos que a empresa produzirá e o planejamento de rotas de transporte para a redução do tempo de entrega. Além disso, lança mão de modelos matemáticos para nortear a escolha das soluções, bem como utiliza necessariamente funções lineares e, no caso de métodos, o algoritmo Simplex.

3.3.3 Processos decisórios

As ações em uma organização resultam de decisões tomadas por pessoas que a integram. Logo, é relevante gerir essas decisões para que culminem nos efeitos esperados. Nesse sentido, deve-se estudá-las como processos, os chamados *processos decisórios*, cujas etapas são preestabelecidas e podem ser racionalmente definidas. Para tanto, a fim de aperfeiçoá-los, recorre-se a distintas ferramentas quantitativas, como análise de valor esperado, análise marginal, retorno sobre investimento (ROI) e demais ferramentais contábeis, e ferramentas qualitativas, como *benchmarking*, árvore de decisão, método Delphi e *groupthink*.

3.3.4 Processos estocásticos

Muitos problemas de engenharia são afetados e modificados por forças aleatórias, como a variação diária do estoque de produtos acabados em uma empresa. É possível analisar esse tipo de interferência, cambiante ao longo do tempo em função de efeitos também aleatórios, por meio de métodos probabilísticos.

Esse fenômeno sujeito à imprevisibilidade é denominado de *processo estocástico*. De acordo com Clarke e Disney (1979, p. 192),

> Um processo estocástico é um fenômeno que varia em algum grau, de forma imprevisível, à medida que o tempo passa. A imprevisibilidade, nesse caso, implica em que se observou uma sequência de tempo inteira do processo em diversas ocasiões diferentes, sob condições presumivelmente "idênticas", as sequências em observação resultantes, seriam, em geral, diferentes. Assim, a probabilidade aparece, mas não no sentido de que cada resultado de uma experiência aleatória determina somente um único número. Ao invés, a experiência aleatória determina o comportamento de algum sistema para uma sequência ou intervalo de tempo inteiro.

A palavra *estocástico* está relacionada à possibilidade de conjecturar sobre situações transcorridas ao acaso. Por isso, já que não há certeza quanto aos resultados dessa ocorrência a ser estudada e solucionada, recorre-se a ferramentas de probabilidade.

3.3.5 Teoria dos jogos

A teoria dos jogos é uma explicação matemática de um processo decisório em que vários jogadores interferem numa mesma situação-problema e executam diferentes ações com o intuito de que seu resultado seja o melhor entre todos. Essa vertente é muito utilizada em análises econômicas e de gestão, principalmente em decisões de nível estratégico, e seu contribuidor mais célebre é o matemático John Forbes Nash (1928-2015), ganhador do Prêmio Nobel de Ciências Econômicas.

> *Curiosidade*
>
> John Forbes Nash ficou conhecido ao ter sua vida retratada no filme *Uma mente brilhante*, longa que descreve sua carreira, sua genialidade e sua luta contra a esquizofrenia, diagnóstico que recebeu em 1959.

3.3.6 Análise de demanda

Analisa-se a demanda de mercado para determinar a procura futura de um produto específico, de modo que a empresa possa preparar-se para atender à necessidade do consumidor no momento certo. Essa análise pode ser empreendida com inúmeros instrumentos, do estudo de série histórica, tratada por meio de média simples, móvel ou ponderada, até análises mais complexas, como o método Delphi, em que se convocam especialistas para auxiliar, mediante análises estatísticas, nessas previsões.

3.3.7 Inteligência computacional

A inteligência computacional (IC) é uma técnica de resolução de problemas derivada da inteligência artificial (IA) ou oposta a ela, por analisar situações complexas do mundo real, procurando eventuais imprecisões em algoritmos e sistemas. Também é denominada de *computação bioinspirada*, ou *computação natural*, por tentar emular habilidades cognitivas humanas, como o aprendizado, para criar algoritmos inteligentes (por exemplo, redes neurais ou lógica *fuzzy*).

3.4
Engenharia da qualidade

O uso de ferramentas da qualidade e a implantação de sistemas de gestão da qualidade são importantes funções atribuídas ao engenheiro de produção. Na verdade, a engenharia da qualidade é uma das áreas que mais requisitam esse profissional. Isso porque as empresas precisam oferecer aos clientes produtos com as características desejadas, obtendo, assim, vantagem competitiva no mercado.

Para tanto, segundo a Abepro (2020), o engenheiro de produção deve ser capaz de encarregar-se do "planejamento, projeto e controle de sistemas de gestão da qualidade que considerem o gerenciamento por processos, a abordagem factual para a tomada de decisão e a utilização de ferramentas da qualidade", de modo que possa aplicá-los adequadamente nas organizações em que atua.

3.4.1 Gestão de sistemas da qualidade

Um sistema de gestão estabelece as políticas e os objetivos de uma organização, bem como o caminho para alcançá-los. Nesse sentido, ao implantarem um sistema de gestão da qualidade, as empresas visam refinar continuamente seus produtos e seus processos, com o propósito de satisfazer as necessidades de seus clientes e de outras partes interessadas (*stakeholders*), como sócios, fornecedores, força de trabalho e até mesmo a sociedade como um todo. Esse sistema é gerido por intermédio de ferramentas da qualidade, o que, naturalmente, acaba sendo associado à implantação na empresa das normas da família ISO 9000, da Associação Brasileira de Normas Técnicas (ABNT).

> *Preste atenção!*
>
> A ABNT é uma organização privada, sem fins lucrativos, cuja finalidade é proporcionar à sociedade brasileira o conhecimento necessário para estabelecer e aplicar padrões e normas, ou seja, ela é responsável por toda a normalização técnica do país. Para tanto, participa de fóruns internacionais para a definição de padrões, como os da International Organization for Standardization (ISO), traduzindo-os para a língua portuguesa.

Compõem essa família a NBR ISO 9000 (ABNT, 2015a), uma espécie de dicionário para o entendimento da terminologia empregada nas demais normas; a NBR ISO 9001 (ABNT, 2015b), um guia que especifica os requisitos necessários ao sistema de gestão da qualidade das empresas; e a NBR ISO 9004 (ABNT, 2019), que fornece diretrizes para a verificação da eficácia desse sistema.

> ***Fique atento!***
>
> A família de normas ISO 9000 tem sofrido mudanças ao longo do tempo, desde sua publicação inicial em 1987 até os dias atuais. Essas atualizações servem para que as organizações e seus sistemas de gestão se adéquem às mudanças emergentes na sociedade e nos sistemas produtivos. Nesse sentido, percebeu-se a necessidade de tornar a norma mais sistêmica e abrangente, adotando-se a ideia de que a qualidade deve perpassar toda a organização. Assim, uma relevante atualização foi a que enfatizou e esclareceu o papel da alta direção, exigindo seu posicionamento e sua responsabilidade ante o alcance dos objetivos de qualidade propostos para a empresa.

A NBR ISO 9001 não é obrigatória para a empresa que deseja melhorar sua gestão da qualidade; todavia, auxilia na concretização dos objetivos da qualidade por transformar desejos e necessidades abstratos em requisitos concretos a serem alcançados, formalizando processos, normas e métodos.

3.4.2 Planejamento e controle da qualidade

Para planejar a qualidade de um processo/produto, é necessário definir as características esperadas deste e, com base nelas, instituir formas de acompanhá-las e mensurá-las. Esse procedimento de acompanhar e medir configura o controle da qualidade, um ramo da engenharia da qualidade decorrente das primeiras preocupações com a conformidade de processos e produtos nas fábricas.

Dependendo do tipo de sistema produtivo, com o intuito de obter uma avaliação mais objetiva, podem ser aplicados métodos de controle estatístico, sobretudo quando as características selecionadas permitem isso. Um exemplo são as ponderações de valores como o peso, o comprimento, a largura, a potência de determinado produto, entre outras grandezas aferíveis.

3.4.3 Normalização, auditoria e certificação da qualidade

Ao implantarem um sistema de gestão da qualidade, muitas organizações o fazem não somente para ajustar seus processos e aprimorar seus produtos, mas também para demonstrar aos clientes sua preocupação com o tema ou para comprovar sua adequação aos regulamentos governamentais.

Nesse sentido, as empresas podem solicitar a certificação, ou seja, o reconhecimento de que adotam com correção os requisitos de um sistema de gestão da qualidade. Tal certificação é emitida por um organismo independente, credenciado para esse tipo de análise. Para isso, primeiro as organizações precisam passar pela normalização e pela auditoria.

A normalização é a adequação dos processos aos requisitos das normas adotadas para os sistemas de gestão da empresa, como o de gestão da qualidade, o de gestão ambiental e o de saúde e segurança do trabalhador.

Logo após, a organização pode realizar auditorias internas – verificação interna do cumprimento das exigências das normas –, posteriormente, passar por uma auditoria externa – conduzida por um organismo autônomo, cujo objetivo normalmente é avaliar o preenchimento de requisitos e conceder a certificação, tendo como norte as diretrizes da NBR ISO 19011 (ABNT, 2018a).

3.4.4 Organização metrológica da qualidade

A metrologia pode ser entendida como a ciência da medição. Quando associada à qualidade, diz respeito à confiabilidade dos processos de mensuração realizados nos equipamentos constituintes do sistema produtivo de uma organização, conferindo "credibilidade, universalidade e qualidade às medidas [obtidas]" (Fernandes; Costa Neto; Silva, 2009, p. 2).

Para Fernandes, Costa Neto e Silva (2009), esse ramo divide-se em três dimensões distintas: a científica, a industrial e a legal.

> A Metrologia Científica trata, fundamentalmente, dos padrões de medição internacionais relacionados ao mais alto nível de qualidade metrológica. Como desdobramento, estas ações alcançam os sistemas de medição das indústrias,

> responsáveis pelo controle dos processos produtivos e pela garantia da qualidade dos produtos finais, através da chamada Metrologia Industrial. O INMETRO é o órgão que tem a responsabilidade de manter as unidades fundamentais de medida no Brasil, garantir a rastreabilidade aos padrões internacionais e disseminá-las, com seus múltiplos e submúltiplos, até as indústrias. Essa disseminação se dá através da RBC, formada por uma rede [...] de laboratórios de calibração acreditados pelo INMETRO. A Metrologia Legal, por sua vez, é a área da metrologia referente às exigências legais, técnicas e administrativas relativas às unidades de medidas, aos instrumentos de medir e às medidas materializadas. Objetiva fundamentalmente as transações comerciais, em que as medições são extremamente relevantes no tocante aos aspectos de exatidão e lealdade. O governo promulga leis e regulamentos técnicos fixando as modalidades da atividade de metrologia legal, notadamente no que tange às características metrológicas dos instrumentos envolvidos em tais operações. A elaboração da regulamentação baseia-se nas recomendações da Organização Internacional de Metrologia Legal (OIML) e conta com a colaboração dos fabricantes dos instrumentos e de entidades dos consumidores. (Fernandes; Costa Neto; Silva, 2009, p. 3)

Isso possibilita a utilização de equipamentos apropriados aos requisitos de projeto dos produtos.

3.4.5 Confiabilidade de processos e produtos

Outra incumbência da engenharia da qualidade é a avaliação dos processos e dos produtos organizacionais para precisar sua confiabilidade. A confiabilidade, uma das múltiplas dimensões da qualidade, refere-se à probabilidade de um sistema apresentar um resultado predeterminado inicialmente, durante certo período e sob condições estipuladas para tal situação.

Nesse âmbito, é papel do engenheiro verificar se o produto atende satisfatoriamente às necessidades do consumidor, reduzindo, assim, os custos de uma possível falha, de reparos ou mesmo de uma eventual garantia.

3.5
Engenharia do produto

Toda organização satisfaz algum tipo de demanda da sociedade e, por isso, precisa desenvolver, continuamente, novos produtos. Essa criação de itens, assim como a manutenção de sua operação, é mais uma das atividades que o engenheiro de produção pode exercer. Para tanto, esse profissional precisa dominar

> o conjunto de ferramentas e processos de projeto, planejamento, organização, decisão e execução envolvidas nas atividades estratégicas e operacionais de desenvolvimento de novos produtos, compreendendo desde a concepção até o lançamento do produto e sua retirada do mercado com a participação das diversas áreas funcionais da empresa. (Abepro, 2020)

Assimilando propriedades e funções dessas ferramentas e processos, o engenheiro pode idealizar e materializar produtos que efetivamente permitam superar adversidades.

3.5.1 Gestão de desenvolvimento do produto

Como enfatizamos, há significativa e constante procura coletiva por novos produtos; logo, refinar os processos de desenvolvimento destes, por meio do gerenciamento, é primordial. Contudo, mesmo uma gestão consistente pode resultar em insucessos, seja pelos custos elevados de criação, seja pela demora de lançamento do item, seja pela falta de mercado para ele (Amaral et al., 2006).

O desempenho do processo de desenvolvimento de produtos (PDP) depende de como é gerenciado em termos estratégicos, organizacionais e de controle. Os responsáveis pelo PDP da empresa devem conhecer os objetivos estratégicos gerais desta, para sustentá-los numa gestão de PDP – ocupando-se da estruturação e da administração das atividades rotineiras de criação – e, ao mesmo tempo, para transformá-los em ações operacionais, passando de planos e ideias para o produto real. Entre essas ações, destacam-se: "o mapeamento dos requisitos dos clientes, dos requisitos do projeto, a definição das especificações do produto e dos materiais, a realização de avaliações, a construção dos protótipos, as análises de custos e prazos etc." (Amaral et al., 2006, p. 16).

3.5.2 Processo de desenvolvimento do produto

Amaral et al. (2006) explicam que o processo de desenvolvimento do produto (PDP) é efetivado por intermédio de um conjunto de atividades, o que envolve a verificação das necessidades do mercado e dos clientes – em todas as fases do ciclo de vida do novo produto –, das possibilidades de execução desse item e das restrições tecnológicas do processo. Dessa forma, finalizadas essas análises, é possível chegar às especificações do projeto e do PDP. Além disso, é responsabilidade dos desenvolvedores acompanhar a recepção do produto após o lançamento, constatando se foi bem aceito no mercado, se necessita de ajustes ou até mesmo se sua oferta deve ser descontinuada.

O PDP situa-se, portanto, na interface entre a empresa e o mercado, por isso a importância estratégica de ações, além das já citadas, como:

> desenvolver um produto que atenda às expectativas do mercado, em termos da qualidade total do produto; desenvolver o produto no tempo adequado – ou seja, mais rápido que os concorrentes – e a um custo competitivo. Além disso, também deve ser assegurada a manufaturabilidade do produto desenvolvido, isto é, a facilidade de produzi-lo, atendendo às restrições de custos e de qualidade na produção. (Amaral et al., 2006, p. 4)

Essas ações funcionam bem em organizações tradicionais. No entanto, o engenheiro de produção também deve estar apto a atuar em instituições menos convencionais, como as *startups*, das quais trataremos no Capítulo 5, que requerem outros modelos de desenvolvimento, sobretudo porque têm, por um lado, uma natural capacidade tecnológica e de inovação e, por outro, maior dificuldade de atingir o mercado com suas ideias arrojadas e sua tendência a entregar produtos em condição de extrema incerteza.

3.5.3 Planejamento e projeto de produto

O planejamento do produto pode ser definido como o processo estratégico que vai da concepção da proposta do novo produto até o lançamento deste para o público. Tem início, assim, com "a procura sistemática, a seleção e o desenvolvimento de ideias promissoras de produtos" identificadas no mercado (Bolgenhagen, 2003, p. 41).

Nesse processo, deve-se elaborar um plano de programação e alocação dos recursos necessários à concretização do que foi projetado para a criação do novo produto, como tempo, dinheiro ou recursos humanos. Sua solidez é crucial, pois, se alguma fase do plano falhar, toda a iniciativa poderá ser malsucedida.

Feito o planejamento, pode-se pensar no projeto do produto, etapa que demanda criatividade e inovação. Para Slack et al. (2013), projetar é definir as especificações do produto, bem como suas características, de forma que ele atenda a uma necessidade específica do mercado. Trata-se do momento em que o gestor converte as ideias do planejamento em ação concreta, materializando o produto.

3.6
Engenharia organizacional

Em sua prática, espera-se que o engenheiro de produção empreenda ações concernentes à gestão organizacional, visto que ele é o profissional preparado para essas situações, detendo conhecimentos que englobam tópicos como "o planejamento estratégico e operacional, as estratégias de produção, a gestão empreendedora, a propriedade intelectual, a avaliação de desempenho organizacional, os sistemas de informação e sua gestão e os arranjos produtivos" (Abepro, 2020).

Para Faé e Ribeiro (2005), tradicionalmente o mercado tem recorrido ao engenheiro para a resolução de problemas gerenciais, em virtude das competências que o distinguem de outros profissionais, em especial nas áreas de exatas. Nessa direção, o engenheiro de produção adéqua-se perfeitamente à integração entre questões técnicas e gerenciais, pois seu curso traz um componente mais gerencial, tornando-o "apto a lidar com problemas relacionados com a mobilização de recursos técnicos, dentro da função de cumprir as tarefas a que se destina a empresa ou instituição a que serve" (Faé; Ribeiro, 2005, p. 28), além de poder tratar das questões de inovação e tecnologia, não somente sob o aspecto de gestão, mas também como forma de superar adversidades.

3.6.1 Gestão estratégica e organizacional

Como vimos, as organizações operam em um contexto extremamente competitivo e, para se destacarem nele, precisam planejar suas ações no mercado, por intermédio do domínio e emprego de ferramentas de análise dos ambientes interno e externo à empresa. Com base nesses estudos, tomam decisões estratégicas e constroem a missão, a visão, os valores e as políticas organizacionais, conforme demonstra a Figura 3.11.

Figura 3.11 – Processo estratégico

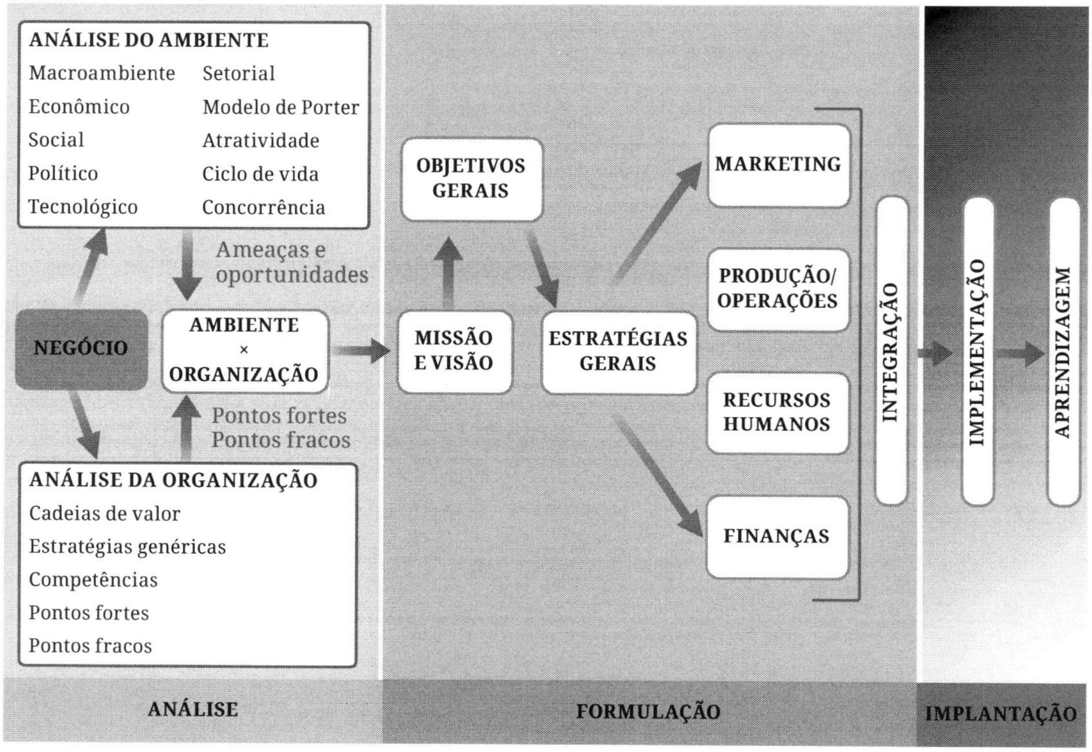

Fonte: Fernandes; Berton, 2012, p. 19.

Além de desenvolver o pensamento estratégico e de transmudá-lo em planos aplicáveis à realidade da empresa, compete ao engenheiro de produção auxiliar no controle das estratégias, examinando suas repercussões por meio de indicadores e outros recursos.

3.6.2 Gestão de projetos

Como já esclarecemos, um projeto constitui um esforço para criar um produto que satisfaça a necessidade de quem dele precisa. É, ainda, temporário, ou seja, tem datas previstas de início e de término, e, ao longo de sua concretização, exige a administração de recursos para ser concluído com maior assertividade.

Se o engenheiro de produção for o gestor do projeto, também tem de conhecer e saber manipular distintos métodos de projeção, desde as ferramentas clássicas, como o *Project Management Body of Knowledge* (PMBOK), até as atuais, mais ágeis, que incluem o *Scrum*, o *Lean*, o *Canvas Project* e o *Design Thinking*.

3.6.3 Gestão do desempenho organizacional

Como há pouco afirmamos, delimitadas as estratégias organizacionais, é necessário verificar – do nível estratégico ao operacional, passando pelo tático – se elas promovem o alcance dos objetivos desejados. Somente por intermédio desse controle é possível dar-lhes continuidade ou elaborar novas estratégias capazes de melhorar o desempenho da organização.

Com o intuito de possibilitar essa análise, Kaplan e Norton (1997) criaram o *Balanced Scorecard* (BSC), um método de medição do desempenho da organização por meio de indicadores baseados em quatro perspectivas distintas: a financeira, a de clientes, a de processos internos e a de aprendizado e crescimento, como indica a Figura 3.12.

Figura 3.12 – BSC

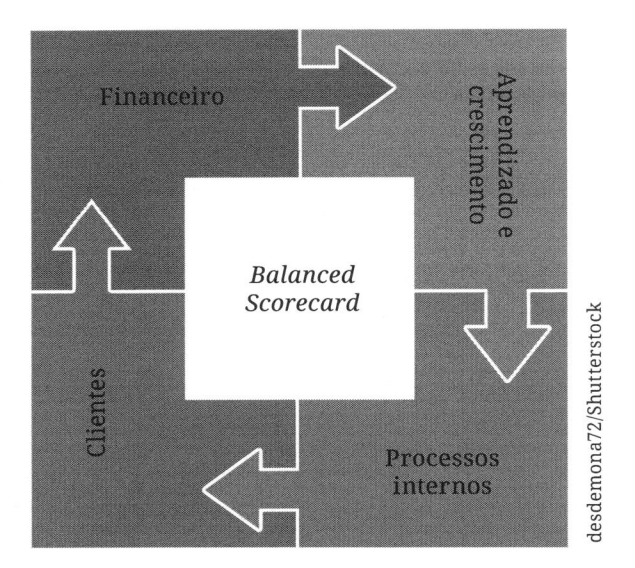

(Diagrama: Balanced Scorecard no centro, com setas apontando para as quatro perspectivas: Financeiro, Aprendizado e crescimento, Processos internos e Clientes. Crédito: desdemona72/Shutterstock)

Recorrendo ao BSC, o profissional pode conferir visualmente se as estratégias em cada perspectiva estão sendo praticadas e alcançando os resultados fixados.

3.6.4 Gestão da informação

Com a difusão da internet, nunca antes houve uma quantidade tão grande de informações facilmente disponíveis a múltiplas e distintas pessoas. No entanto, ao mesmo tempo, nunca foi tão difícil distinguir uma boa informação de uma equivocada.

Em virtude disso, na atualidade, a gestão da informação é uma das áreas vitais de uma organização. Nesse contexto, a busca por dados, que se tornam informação, quer dizer, conhecimento para a tomada de decisões organizacionais, deve pautar-se em análises consistentes, a fim de que a organização encontre as melhores alternativas consultando fontes confiáveis.

Além disso, é necessário captar, organizar, disseminar e manter seguras as informações que a instituição possui. Assim, é fundamental escolher adequadamente os sistemas de informação que serão utilizados, bem como seus mecanismos de segurança. Nesse sentido, não importa se é usada a arcaica caderneta com anotações sobre os clientes ou o altamente tecnológico sistema ERP; o essencial é que o sistema empregado garanta a integridade das informações e sua disponibilização de forma confiável e no momento oportuno.

3.6.5 Redes de empresas

Desde a crise de 2008, originada no mercado financeiro, o qual estimulava as pessoas a consumir e adquirir bens além de sua capacidade econômica, tem sido possível notar uma mudança no comportamento coletivo. Se antes o ideal era possuir bens, após esse evento, começou-se a, em vez disso, apenas usufruir deles, e isso vale para casas, carros, roupas, espaço de trabalho, de lazer e de moradia.

Nesse cenário, a sociedade passou a voltar-se mais para a colaboração, e esse movimento social alcançou as organizações. As empresas perceberam que, trabalhando colaborativamente, podem obter mais vantagem competitiva em comparação àquelas que operam de maneira tradicional. Surgiram, assim, as redes de empresas, que trocam experiências e desenvolvem projetos os quais, sozinhas, não finalizariam, em virtude de condições financeiras ou de tempo. Exemplos disso são Airbnb, Uber, Tem Açúcar? e Enjoei.

3.6.6 Gestão da inovação

Inovação é toda invenção que alcançou a possibilidade de ser comercializada. Trata-se de um processo organizacional que demanda planejamento, organização e recursos e que, por ser fruto de uma intenção deliberada, requer uma adequada gestão para se concretizar. Ao mesmo tempo, deve-se cuidar para que, sendo um processo formal, não se torne excessivamente burocratizado, contemplando, por consequência, a liberdade criativa necessária aos seus procedimentos.

Conhecer os atores de inovação, como *hubs* de inovação, parques tecnológicos, universidades e institutos de pesquisa próximos à organização, auxilia nessa gestão inovadora, pois, nesses ambientes, é possível conhecer as inovações mais recentes.

Por outro lado, além do aspecto criativo, o responsável pela inovação na empresa também deve estar atento às questões legais e burocráticas que esse processo envolve, como as leis que o regem no país, a solicitação de patentes, a transferência e a absorção de inovações tecnológicas e as formas de obtenção de incentivos fiscais e financeiros para fomentar a inovação.

3.6.7 Gestão da tecnologia

Mais do que um equipamento, uma ferramenta ou um dispositivo eletrônico, deve-se entender a tecnologia como conhecimento útil e possível de ser aplicado aos processos, de forma a facilitá-los e elevar sua eficácia, conferindo à empresa proeminência sobre seus concorrentes. Em outras palavras, é um recurso organizacional que facilita as tarefas rotineiras.

O engenheiro precisa estudar e implementar as tecnologias mais relevantes e adequadas (nem mais, nem menos) à organização, inclusive as de ponta, permitindo que tal instituição se planeje para nelas investir conforme suas necessidades e possibilidades. Desse modo, é tarefa desse profissional saber sobre inteligência artificial, *big data*, internet das coisas (IoT), *blockchain*, realidade virtual e realidade aumentada, entre outros temas.

3.6.8 Gestão do conhecimento

A capacidade de aprender, de construir conhecimento, é algo inerente ao ser humano. Ao receber informações do meio, o indivíduo procura interpretá-las, compará-las com saberes prévios e aplicá-las, transformando-as, assim, em novos conhecimentos.

Considerando-se que o conhecimento pertence às pessoas, isso poderia acarretar problemas às organizações, tornando-as dependentes daquelas para promover o andamento de seus processos. Tendo em vista resolver essa situação, foram conduzidos estudos acerca da **aprendizagem organizacional** (*organizational learning*), ou seja, formas pelas quais as empresas conseguiriam aprender.

Com base nessa percepção – a possibilidade de um aprendizado organizacional –, tiveram início pesquisas sobre tipos de conhecimento, modos de converter o individual em organizacional e de manter esse conhecimento organizacional íntegro, disponível e atual para os momentos em que se fizer necessário utilizá-lo.

Os principais expoentes dessa abordagem são Hirotaka Takeuchi (1946-) e Ikujiro Nonaka (1935-), que investigaram, na década de 1990, como algumas empresas japonesas estavam transformando o conhecimento do indivíduo em empresarial. Os autores chamam essa transformação de "conversões" em uma "espiral do conhecimento" (Nonaka; Takeuchi, 1997), ilustrada na Figura 3.13.

Figura 3.13 – Espiral do conhecimento

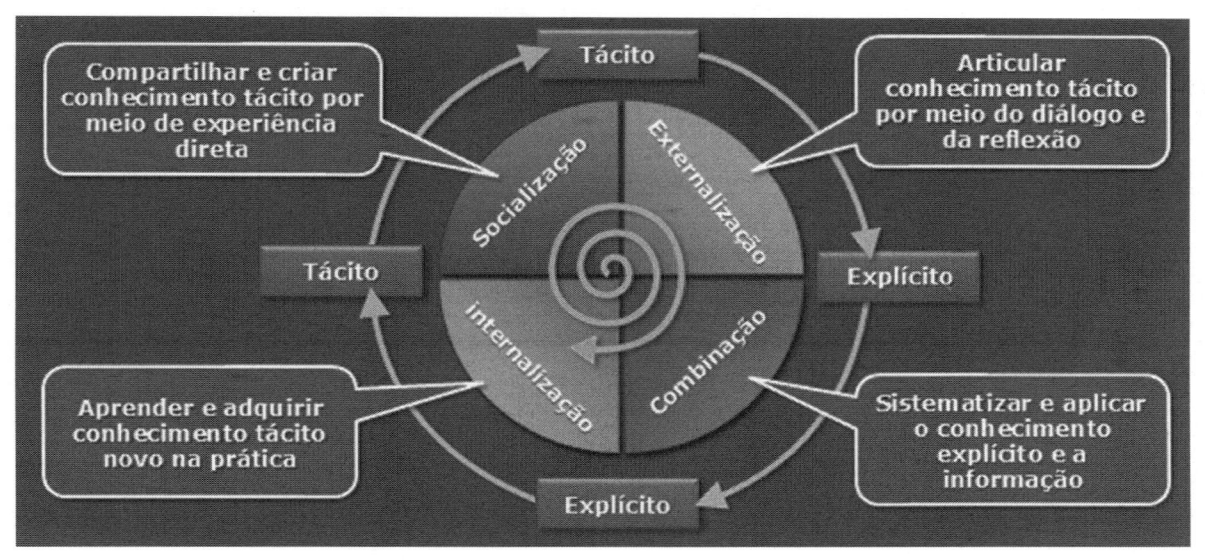

Fonte: Takeuchi; Nonaka, 2008, p. 24.

Quanto à gestão dos conhecimentos, é função do engenheiro de produção identificar de quais a empresa necessita e como armazená-los, assim como manipular todas as funcionalidades de *softwares* específicos para isso, permitindo, desse modo, o crescimento progressivo do nível de conhecimento da organização.

3.6.9 Gestão da criatividade e do entretenimento

A gestão da criatividade e do entretenimento foi recentemente incorporada ao escopo da engenharia de produção e volta-se ao planejamento, à organização e ao controle dos empreendimentos ligados à cultura e ao entretenimento.

A indústria do entretenimento é um importante setor de negócios – representando uma das fontes de renda centrais dos países onde se encontra mais desenvolvida – e engloba diversos nichos de atuação, como cinema, teatro, televisão, internet, *games*, esporte e música, todos dedicados à oportunização de momentos de lazer e bem-estar à sociedade em geral.

> **Exemplificando**
>
> O carnaval carioca das escolas de samba pode ser entendido como uma grande linha de produção, na qual todas as etapas de execução – do início do projeto, com a escolha do samba-enredo e do tema a ser desenvolvido, ao momento do desfile, quando se entrega o produto final – apresentam muitas interfaces com o trabalho do engenheiro de produção.

Em razão disso, é fundamental gerir essa indústria, para que continue rentável e apresente crescente eficiência. Nesse sentido, o engenheiro de produção pode realizar a análise e o planejamento das ações do setor, apresentando, por exemplo, uma coletânea de processos e projetos de resultados possivelmente satisfatórios.

3.7 Engenharia econômica

Embora o engenheiro de produção não tenha a formação de um economista ou gestor financeiro, por conta de suas competências na área de exatas, esse profissional tem condições de formular, estimar e analisar "resultados econômicos para avaliar alternativas para a tomada de decisão" (Abepro, 2020); para tanto, recorre a um conjunto de técnicas matemáticas que simplificam a comparação econômica. Assim, sua presença tem sido fortemente notada na análise financeira de projetos e de produtos.

3.7.1 Gestão econômica

Um aspecto relevante para a sustentabilidade financeira de uma organização é a preocupação com seus resultados econômicos. Entende-se por *resultado econômico* a busca pela eficiência dos sistemas produtivos por meio do aumento da produtividade e da melhoria das operações da empresa.

Com uma gestão econômica adequada, aumenta-se, por consequência das análises e dos ajustes do funcionamento do sistema produtivo, gerados e promovidos pelo engenheiro de produção, o patrimônio da organização, isto é, o conjunto de bens, direitos e obrigações desta.

3.7.2 Gestão de custos

Uma organização que pretende manter-se no mercado, de forma sustentável, precisa estar ciente de seus custos, pois é por meio da gestão deles que se estabelecem os preços dos produtos oferecidos. Por isso, é preciso, inicialmente, compreender que existem dois tipos de custos: os fixos e os variáveis.

Os **custos fixos** são aqueles que não sofrem alteração em decorrência das quantidades produzidas, como salário de funcionários e aluguel. Já os **custos variáveis** são aqueles que se modificam conforme a quantidade de itens fabricados, como gastos com matéria-prima, energia, impostos, entre outros.

Para precificar um produto, emprega-se uma fórmula bastante simples, que leva em conta os custos envolvidos e o lucro que se pretende obter com a venda do produto. Assim:

$$\text{Preço} = \text{Custo} + \text{Lucro}$$

Embora a fórmula seja simples, a gestão dos custos não o é, já que, por vezes, as empresas desconhecem a composição total destes e acabam ignorando aspectos importantes ao determinar preços. Compete a essa gestão, por isso, empreender um controle adequado de custos, com o uso rotineiro de planilhas e registros para auxiliar na análise de finanças e na correspondente tomada de decisões.

3.7.3 Gestão de investimentos

É possível que, em dado momento, a empresa obtenha um capital extra, além do necessário para se manter em funcionamento. Nessa situação, cabe ao gestor tomar a decisão de investi-lo, garantindo a melhor utilização para esse excedente, visto que mantê-lo parado significaria perda financeira para a empresa.

Investir significa, de forma conceitual, aplicar dinheiro em um meio de produção com a expectativa de obter retorno sobre esse capital. Como gestor de investimentos, o engenheiro de produção deve examiná-los e selecionar os mais apropriados para a empresa, tendo em vista a rentabilidade, o retorno esperado e a transparência das regras de resgate, impostos e taxas, bem como dos riscos associados a esses investimentos.

3.7.4 Gestão de riscos

Qualquer empresa atuante no mercado está sujeita a riscos, especialmente financeiros, que provocam prejuízos e podem acarretar a suspensão das atividades da organização. Para evitá-los ou minimizá-los, é necessário gerenciá-los, o que implica prospectar, mediante o uso de ferramentas de probabilidade e estatística (de domínio do engenheiro de produção), as tendências do mercado, para identificar possíveis situações indesejadas pela empresa.

Ao empregar esses instrumentos, esse engenheiro ampara a empresa na escolha dos riscos que está disposta a correr em virtude de futuros ganhos financeiros. Quanto mais tradicional o ramo dessa organização, menor a probabilidade de se expor a riscos elevados. No tocante a empresas de setores mais instáveis, elas precisam estar especialmente atentas a essa gestão.

3.8 Engenharia do trabalho

A rotina do engenheiro de produção em um sistema produtivo contempla projetar, aperfeiçoar, implantar e avaliar "tarefas, sistemas de trabalho, produtos, ambientes e sistemas para fazê-los compatíveis com as necessidades, habilidades e capacidades das pessoas, visando a melhor qualidade e produtividade, preservando a saúde e integridade física" (Abepro, 2020).

3.8.1 Projeto e organização do trabalho

O projeto e a organização do trabalho estão relacionados a estudos sobre a estruturação do "trabalho de cada indivíduo, a equipe à qual pertence (se houver), seu local de trabalho e sua interface com a tecnologia que usa" (Slack; Brandon-Jones; Johnston, 2018, p. 315). Projetar métodos que viabilizem essa estruturação, de forma equilibrada e tendo em conta a especialização do operário, é mais um dos papéis do engenheiro de produção.

Em qualquer empresa, dividir e distribuir o trabalho é basilar, na medida em que é inviável os funcionários realizarem as tarefas globalmente. Além disso, é essencial evitar que esses sujeitos percam a visão total do sistema produtivo. Portanto, deve-se encontrar o equilíbrio entre especialização e enriquecimento da tarefa, principalmente para que o trabalhador possa, ao mesmo tempo, ser o mais produtivo possível e propor melhorias para o sistema produtivo.

3.8.2 Ergonomia

No início do século XX, Frederick Taylor propôs a adoção de métodos de trabalho em conformidade com o que chamou de *organização racional do trabalho* (ORT). Entre os aspectos da ORT, há sugestões de melhorias das condições físicas de trabalho, como ventilação, iluminação, cores do ambiente, ajuste de temperatura, além da adequação de máquinas e equipamentos ao trabalhador.

Com isso, esse teórico evidenciou a importância dos elementos ergonômicos. Ficou claro que, aumentando-se o conforto do trabalhador, sua produtividade crescia na mesma proporção. Assim, iniciaram-se estudos, com fundamento em métodos de análise científicos, acerca da adaptação do local de trabalho ao funcionário, e não o oposto.

3.8.3 Sistemas de gestão de higiene e segurança do trabalho

Para melhorar a saúde física e mental dos trabalhadores, evitando-se acidentes e afastamentos decorrentes de enfermidades e procedimentos de segurança inadequados adotados pela empresa, foi instituída uma norma internacional, a NBR ISO 45001 (ABNT, 2018b), que regulamenta os sistemas de segurança e saúde do trabalho.

Neste ponto, é pertinente frisar que o engenheiro de produção não pode atuar como engenheiro de segurança do trabalho. Para isso, o profissional deve, antes, concluir um curso de pós-graduação (especialização) em Segurança do Trabalho.

3.9 Engenharia da sustentabilidade

Um tema atual, que deveria interessar a todos, é a sustentabilidade. Esse conceito remete ao desenvolvimento das empresas em um ambiente econômico complexo, o qual requer que sejam sustentáveis em três níveis – econômico, social e ambiental – correspondentes aos três pilares da sustentabilidade, ou *triple bottom line*, apresentados na Figura 3.14.

Figura 3.14 – *Triple bottom line*

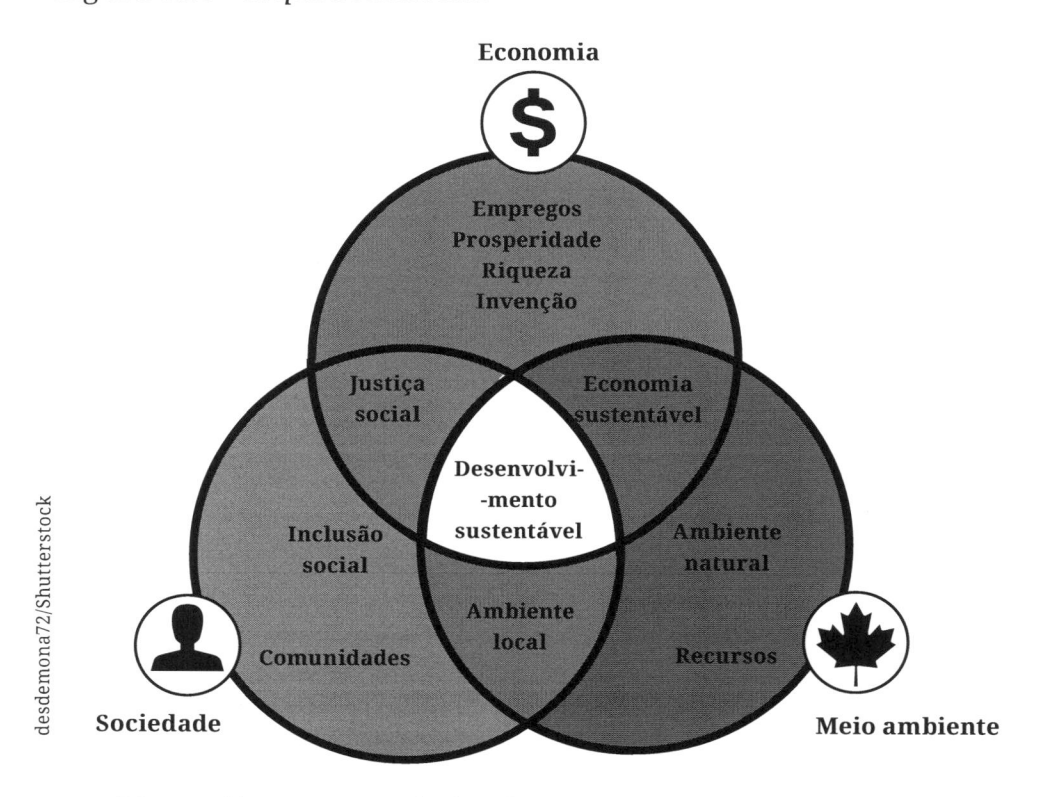

![Diagrama de Venn com três círculos: Economia (Empregos, Prosperidade, Riqueza, Invenção), Sociedade (Comunidades, Inclusão social) e Meio ambiente (Ambiente natural, Recursos). Intersecções: Justiça social, Economia sustentável, Ambiente local. Centro: Desenvolvimento sustentável.]

Diante disso, o engenheiro de produção deve atender às necessidades empresariais referentes a ações do *triple bottom line*. Assim, sob a ótica da sustentabilidade, esse profissional lida com o "planejamento da utilização eficiente dos recursos naturais nos sistemas produtivos diversos, da destinação e tratamento dos resíduos e efluentes destes sistemas, bem como da implantação de sistema de gestão ambiental e responsabilidade social" (Abepro, 2020). Em virtude disso, os sistemas produtivos continuam atuantes, mas gerando menos impactos negativos e preservando o planeta e as vidas que nele coexistem.

3.9.1 Gestão ambiental

A gestão ambiental diz respeito à execução de ações para produzir insumos e produtos ambientalmente compatíveis com as necessidades humanas, com vistas a "reduzir, eliminar ou compensar os problemas ambientais decorrentes da sua atuação [do ser humano] e evitar que outros ocorram no futuro" (Barbieri, 2016, p. 18).

As atividades realizadas no âmbito da gestão ambiental são variadas, e Barbieri (2016) as classifica em três dimensões, conforme demonstra a Figura 3.15.

Figura 3.15 – Dimensões da gestão ambiental

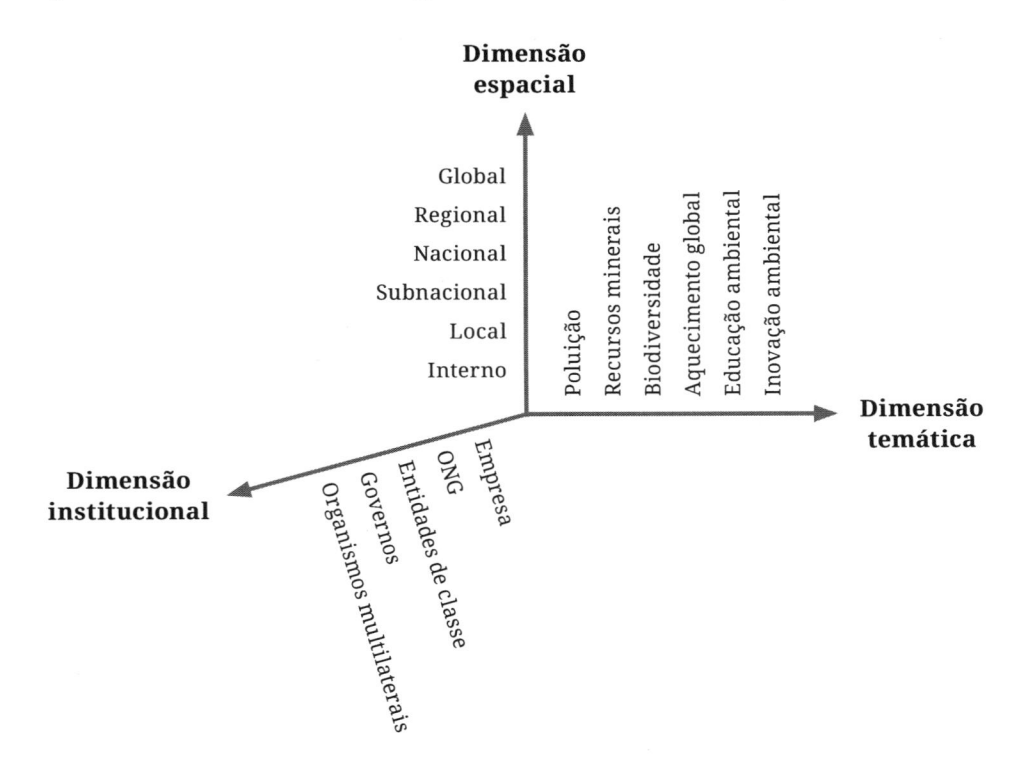

Fonte: Barbieri, 2016, p. 20.

Para o autor, a dimensão temática compreende ações específicas às quais a gestão ambiental se volta. A dimensão espacial está relacionada à área física de alcance dessas ações. Já a dimensão institucional corresponde às organizações responsáveis pelas iniciativas de gestão ambiental. Ainda conforme Barbieri (2016, p. 21), haveria uma dimensão filosófica, "que trata da visão de mundo e da relação entre o ser humano e a natureza".

Ao analisar cada uma dessas dimensões, o engenheiro precisa entender que a gestão ambiental deve, simultaneamente, reconhecer o valor intrínseco da natureza e admitir que ela será usada para atender às necessidades humanas. Com base nisso, devem ser propostas diretrizes para cuidar dessa natureza, sem que se deixe de gerar valor para a organização e toda a sociedade.

3.9.2 Sistemas de gestão ambiental, responsabilidade social e certificação

Para estar em concordância com as questões ambientais, a organização pode basear-se na NBR ISO 14001 (ABNT, 2015c), cujo intuito é promover o alcance do equilíbrio em instituições que causam impactos negativos no ambiente. Para tanto, em seu sistema de gestão ambiental, a empresa deve estabelecer padrões que assegurem a proteção ambiental necessária à conservação de recursos naturais.

Encontrando-se em conformidade com a política ambiental em vigor, a empresa pode se submeter ao processo de certificação, o qual garante às partes interessadas essa adequação da organização às normas, como ocorre em outros tipos de certificação examinados neste capítulo.

Quanto à responsabilidade social, ela deve ser tratada pelas organizações não como projeto de caridade ou de redução de impostos, mas como o exercício da cidadania em face da sociedade.

Assim como no caso da gestão ambiental, ao perceber que suas ações em relação à comunidade e à sociedade são consistentes, a empresa pode buscar certificação via NBR ISO 16001 (ABNT, 2012). Essa certificação atesta que a instituição se preocupa de fato com uma sociedade mais igualitária, na qual não se permitam, por exemplo, trabalho escravo ou trabalho infantil, xenofobia, assédio moral, entre outras práticas igualmente inadequadas no convívio coletivo.

3.9.3 Gestão de recursos naturais e energéticos

Embora, para algumas pessoas, os recursos naturais pareçam inesgotáveis, eles não o são. Por isso, é fundamental conscientizar as organizações acerca do uso deles e das fontes de energia, adotando-se, após a análise de um engenheiro de produção, metodologias para poupá-los. Ademais, também é essencial conscientizar os cidadãos sobre como a exploração excessiva da natureza pode resultar no esgotamento, num futuro próximo, dos recursos que ainda estão disponíveis hoje. Desse modo, garante-se uma sociedade ambientalmente mais sustentável para todos.

3.9.4 Gestão de efluentes e resíduos industriais

Qualquer organização tem um sistema produtivo que, naturalmente, gera resíduos. O engenheiro, ao administrar essa situação, deve estar ciente disso e de que tais elementos causam impactos negativos no ambiente. Assim, ele se torna capaz de assumir uma posição mais coerente e eficiente ao planejar ações que minimizem os efeitos desses efluentes e resíduos.

Para destinar corretamente esses elementos, esse profissional precisa conhecer as práticas de tratamento de efluentes e resíduos, as organizações parceiras que auxiliam nesse processo, assim como a legislação, as políticas e os programas públicos referentes ao tema.

3.9.5 Produção mais limpa e ecoeficiência

Além de tratarem apropriadamente os resíduos que geram, as empresas devem visar a uma produção mais limpa, que é a tradução prática da ecoeficiência, cujo objetivo é criar sistemas produtivos que produzam em maiores quantidades, mas utilizem menos insumos e causem menos poluição e impactos negativos ao meio ambiente. Para isso, busca-se reduzir o uso de matéria-prima e de energia, aumentar a vida útil dos produtos, bem como reaproveitar e reciclar resíduos (Munhoz, 2008).

3.10 Educação em engenharia de produção

Finalmente, como mais uma área de atuação possível para o engenheiro de produção, é preciso mencionar a acadêmica. Como pesquisador, docente ou gestor de organizações voltadas para o ensino, o engenheiro de produção pode, conforme a Abepro (2020), desenvolver ações nessa especialidade, a "Engenharia Pedagógica", trabalhando com

> Estudo da Formação do Engenheiro de Produção
> Estudo do Desenvolvimento e Aplicação da Pesquisa e da Extensão em Engenharia de Produção

Estudo da Ética e da Prática Profissional em Engenharia de Produção

Práticas Pedagógicas e Avaliação Processo de Ensino-Aprendizagem em Engenharia de Produção

Gestão e Avaliação de Sistemas Educacionais de Cursos de Engenharia de Produção

Dessa maneira, o engenheiro pode atuar como professor e pesquisador, desde que aperfeiçoe seus conhecimentos por meio da pós-graduação, sobretudo mestrado ou doutorado, na área em que deseja trabalhar.

-Estudo de caso

Ao começar a trabalhar em uma grande empresa do ramo alimentício, o engenheiro de produção João percebeu que, embora contratado para atuar no setor de produção da empresa, também precisava utilizar seus conhecimentos de gestão da qualidade, de engenharia econômica, de logística e de sustentabilidade. Ele notou, ainda, que tinha maior capacidade de resolução de problemas do que colegas que ocupavam o mesmo cargo que ele.

Como João pôde ter essa percepção?

Por sua formação em engenharia de produção, João tem uma visão sistêmica e está preparado para atuar em diversas áreas. Então, mesmo tendo sido contratado para trabalhar em um campo específico, ele é capaz de compreender as mais variadas situações-problema que ocorrem em uma empresa e de propor soluções para elas.

-Perguntas & respostas

1. Qualquer engenheiro, depois de se graduar, pode atuar na área de educação em engenharia de produção?

Embora o engenheiro de produção possa seguir carreira acadêmica, como professor, pesquisador ou gestor de uma instituição de ensino, isso não significa que ele saia da universidade preparado para atuar nessa área. Essa e outras atividades exigem domínio de outros conhecimentos que não são, necessariamente, abordados no curso de graduação.

> ***Para saber mais***
>
> Há engenheiros de produção famosos mundialmente pelos cargos que ocupam ou ocuparam em grandes e proeminentes empresas. Para conhecer alguns deles e entender mais acerca de como um engenheiro de produção pode exercer diferentes atividades nas mais diversas áreas, acesse:
>
> DIAS, J. **5 engenheiros de produção que você não conhecia**. 10 dez. 2014. Disponível em: <https://engenharia360.com/5-engenheiros-de-producao-que-voce-nao-conhecia/>. Acesso em: 7 jun. 2020.

Síntese

Neste capítulo, bastante extenso comparado aos outros, tratamos brevemente de todas as possibilidades de atuação do engenheiro de produção, considerando a classificação proposta pela Abepro (2020), que as divide em dez áreas, com as respectivas competências e atividades: engenharia de operações e processos da produção; logística; pesquisa operacional; engenharia da qualidade; engenharia do produto; engenharia organizacional; engenharia econômica; engenharia do trabalho; engenharia da sustentabilidade; educação em engenharia de produção.

Questões para revisão

1. Para que as empresas alcancem seus objetivos de forma eficaz, utilizando adequadamente os recursos à sua disposição, precisam planejar antecipadamente seus processos e controlá-los à medida que as ações são executadas.

    Assinale a alternativa que indica a área responsável por essas ações:
    a) Contabilidade.
    b) Gestão da qualidade.
    c) Logística e movimentação de materiais.
    d) Planejamento, programação e controle da produção (PPCP).
    e) Administração de recursos humanos.

2. A engenharia de métodos, criada por Frederick Taylor, estuda e analisa o trabalho nas organizações. Esse teórico empreendeu estudos sobre métodos em busca:
   a) da divisão do trabalho entre o operário e o engenheiro, já que estes têm atribuições idênticas.
   b) do melhor caminho (*best way*) para executar uma operação, conduzindo experimentos para encontrá-lo.
   c) de definir as tarefas dos engenheiros, entendendo que é da competência deles descobrir e planejar os melhores meios para realizar tarefas.
   d) de promover a autonomia dos trabalhadores, que, a partir daí, deveriam estabelecer as próprias tarefas, sem a necessidade de seguir o estipulado pelos engenheiros.
   e) de aumentar os custos de produção, já que investimentos mínimos afetavam a saúde dos operários.

3. Ao gerir custos, o engenheiro de produção deve conhecer a fórmula para atribuir preços a produtos de uma empresa. Assinale a alternativa que apresenta essa fórmula:
   a) Preço = Custo.
   b) Preço = Lucro.
   c) Preço = Custo + Lucro.
   d) Preço = Lucro – Custo.
   e) Lucro = Custo fixo + Custo variável.

4. O engenheiro de produção é responsável pelos sistemas produtivos da organização em que atua. Logo, precisa compreender o que é um sistema e como gerenciá-lo. Apresente corretamente o conceito de sistema.

5. Uma área bastante recente da logística empresarial é a logística reversa, cuja maior atribuição é auxiliar nos projetos de sustentabilidade das organizações. Aponte qual é a ação necessária para que a logística reversa contribua para a sustentabilidade.

–Questão para reflexão

1. Mediante consulta a empresas de recursos humanos (RH), pesquise quais são as atividades de engenharia de produção mais solicitadas em sua cidade.

capítulo 4

Conteúdos do capítulo.

- A ética.
- A ética profissional.
- O Código de Ética Profissional.
- Desenho universal.

Após o estudo deste capítulo, você será capaz de:

1. compreender os conceitos de cultura, ética e ética profissional;
2. reconhecer, mediante a análise do Código de Ética Profissional, a identidade, os objetivos e os princípios éticos que fundamentam a prática da engenharia de produção, assim como os direitos e deveres de seus profissionais;
3. entender a importância e as consequências sobre a coletividade da adoção de uma conduta profissional ética;
4. distinguir desenho universal de acessibilidade.

Engenharia de produção e ética profissional

Está atrelada a qualquer profissão uma série de condutas que a sociedade espera que sejam assumidas em seu exercício. Trata-se, então, do cumprimento de uma ética profissional, isto é, agir em situações rotineiras de trabalho conforme o desejado coletivamente.

Para que você compreenda melhor tais expectativas especificamente quanto ao exercício da engenharia de produção e a importância de seu papel no cumprimento e na manutenção de valores que auxiliam na vivência em sociedade, neste capítulo, exploraremos os conceitos de ética e ética profissional e seus desdobramentos, assim como examinaremos o Código de Ética Profissional dos engenheiros. Abordaremos também uma questão relacionada aos valores da sociedade contemporânea, que se propõe mais sustentável e acessível nos quesitos ético e prático: o conceito de desenho universal.

4.1 A ética

A noção de ética é decorrente do fato de os humanos serem criaturas sociais. Por viverem em grupos, adquirem uma cultura, que é definida por valores, crenças e pressupostos.

> **O que é**
>
> A **cultura** pode ser entendida, conforme Chaui (2000, p. 376), como "a maneira pela qual os humanos se humanizam por meio de práticas que criam a existência social, econômica, política, religiosa, intelectual e artística".

Os elementos constitutivos da cultura de um grupo determinam os comportamentos aceitos para a convivência nele, bem como o senso moral de seus membros. Embora possam parecer regras naturais, essas diferentes condutas grupais não o são. Na verdade, são artificialmente construídas pelos componentes do grupo, que, a princípio, buscam distinguir o que é bom e o que é mau para ele. Como afirma Chaui (2000, p. 434-435),

> a ética exprime a maneira como a cultura e a sociedade definem para si mesmas o que julgam ser a violência e o crime, o mal e o vício e, como contrapartida, o que consideram ser o bem e a virtude. Por realizar-se como relação intersubjetiva e social, a ética não é alheia ou indiferente às condições históricas e políticas, econômicas e culturais da ação moral.

Em virtude disso, surgem diversos valores, sentimentos vinculados a eles e decisões consequentes desses sentimentos. De acordo com Chaui (2000, p. 431), tais "sentimentos e ações, nascidos de uma opção entre o bom e o mau [...], também estão referidos a algo mais profundo e subentendido: nosso desejo de afastar a dor e o sofrimento e de alcançar a felicidade, seja por ficarmos contentes conosco mesmos, seja por recebermos a aprovação dos outros".

Essa diferenciação entre o bem e o mal acarreta, desse modo, a formação de um senso e de uma consciência moral, que estabelecem os princípios a serem respeitados pelo grupo social, indicando-lhe o que é certo e o que é errado. A consciência moral pode ser observada no momento que uma pessoa tem "capacidade para deliberar diante de alternativas possíveis, decidindo e escolhendo uma delas antes de lançar-se na ação" (Chaui, 2000, p. 433). Esse indivíduo, que é capaz de tomar tais decisões, pode ser definido como um sujeito moral, com condições de exercer valores morais e virtudes éticas.

> **O que é**
>
> A **ética** é, em síntese, um "pensamento crítico que busca critérios para justificar a inclusão ou a exclusão de normas morais, a classificação da aplicabilidade dessas normas em determinadas circunstâncias e a resolução dos conflitos entre elas" (Alencastro, 2016, p. 49). Nesse sentido, o indivíduo age de forma ética ao saber conviver em sociedade, assimilando e aceitando todo esse conjunto de normas morais.

É importante ressaltar, no entanto, que essa aceitação "não significa perda de valores individuais, mas antes, crescimento coletivo. E esse crescimento, obtido pela ação ética consciente, reveste-se como indicador e diferencial indispensáveis não só na atuação das pessoas, mas de empresas e profissionais" (Borges; Medeiros, 2007, p. 64).

4.2 A ética profissional

As normas propostas, em forma de valores éticos, para a sociedade também se refletem nos subgrupos que a constituem, como as empresas em geral. Logo, para compreendermos o papel da ética profissional em nossa vida e na coletividade de que fazemos parte, é pertinente refletirmos sobre a ética empresarial.

A ética empresarial é uma pauta de discussão razoavelmente recente, já que começou a ser estudada com mais ênfase no final do século XX, em especial com a expansão mundial do modelo capitalista, com todos os pontos positivos e negativos e as incoerências que encerra. Nesse contexto, pareceu necessário debater, por exemplo, se o fato de uma empresa fixar a obtenção de lucro como seu objetivo central é correto em termos morais.

Atualmente, o comportamento das organizações é intensamente analisado pela sociedade. Os cidadãos esperam que as atividades delas sejam sustentáveis e que não afetem negativamente as gerações futuras. Além disso, há a expectativa de que demonstrem ter padrões éticos por meio de um relacionamento correto e transparente com seus *stakeholders* (sócios, fornecedores, força de trabalho etc.).

Segundo Alencastro (2016, p. 63), essa intensa relação empresa-sociedade perpassa elementos como "códigos de conduta, regulamentos, responsabilidade social, políticas, contratos e liderança". Ações nessas áreas evidenciam, portanto, de acordo com o autor, a ética das instituições no contato com a sociedade.

> ***Preste atenção!***
>
> Você sabia que existem organizações que trabalham definindo e medindo padrões éticos das empresas? Uma delas é o Instituto Ethisphere.
>
> Conforme informações de seu LinkedIn, ele é "líder global na definição e na promoção dos padrões de práticas comerciais éticas, que alimentam o caráter corporativo, a confiança no mercado e o sucesso nos negócios" (Ethisphere Institute, 2020).
>
> O Ethisphere homenageia todo ano, por meio do programa World's Most Ethical Companies, empresas de todo o mundo que demonstram caráter ético. Em 2020, a Natura teve a honra de estar novamente entre as premiadas, sendo a única representante brasileira nesse ano (Natura, 2020).

É no interior das organizações que as atividades profissionais são realizadas, podendo-se afirmar que cada profissão busca o alcance de um interesse social. Então, assim como se espera uma conduta ética da empresa, existe a expectativa de que os profissionais nela atuantes assumam um comportamento ético.

Nesse sentido, quando consideramos que uma profissão deve oferecer benefícios à sociedade, desejamos que a pessoa que a desempenha o faça de forma adequada, cumprindo seus deveres técnicos e, também, comportando-se de forma a valorizar questões morais. Assim, a ética profissional acaba por remeter ao cumprimento, por parte de uma classe de trabalhadores, de determinadas regras, para que a sociedade os reconheça como profissionais éticos.

> **O que é**
>
> A **ética profissional** pode, portanto, ser conceituada como:
>
> > o conjunto de condutas técnicas e sociais exigidas por uma determinada classe aos membros que a ela são ligados. A obediência ao código de conduta identifica o profissional como ético e ele, por seu comportamento, alcança o reconhecimento dos demais membros da própria classe e da sociedade em geral. (Borges; Medeiros, 2007, p. 64)

Borges e Medeiros (2007) complementam essa noção afirmando que, ao se portar eticamente, embora esteja acatando os valores de sua classe, o profissional, na verdade, continua exercendo seu livre arbítrio e sua consciência.

Arruda (2005) destaca que, para desempenhar uma profissão, o sujeito tem de despender um grande esforço, a fim de se preparar adequadamente em termos técnicos e humanísticos e, por conseguinte, apresentar resultados eficazes. Segundo a autora, somente então podem ser "analisados os critérios de avaliação a que devem submeter-se os candidatos a receber um registro profissional e os padrões que deverão seguir para atuar corretamente, tanto em termos práticos como em termos éticos" (Arruda, 2005, p. 38). Assim, as associações profissionais resguardam seus associados que demonstram responsabilidade ética ou moral.

Ainda de acordo com Arruda (2005, p. 38), no decurso histórico de cada profissão, essa verificação da atividade dos profissionais nas empresas "suscitou a criação de códigos de ética profissional". No caso das engenharias, o sistema Confea/Crea (Conselho Federal de Engenharia e Agronomia/Conselho Regional de Engenharia e Agronomia) constantemente averigua as exigências éticas do mercado quanto à atuação do engenheiro e, com base nisso, propõe e atualiza seu código de conduta, atendendo, desse modo, aos anseios da sociedade.

4.3
O Código de Ética Profissional

Na seção anterior, vimos que, no exercício de suas atribuições, espera-se do engenheiro uma gama de condutas, e estas constam nas determinações do Código de Ética Profissional da Engenharia, da Agronomia, da Geologia, da Geografia e da Meteorologia (Confea, 2019). Caso sejam descumpridas, seja na organização em que presta serviço, seja na sociedade em si, o profissional estará sujeito a penalidades.

Em 30 de dezembro de 1957, por intermédio da Resolução n. 114 (Confea, 1957), o Conselho Federal de Engenharia e Agronomia (Confea) aprovou seu primeiro Código de Ética Profissional da Engenharia, Arquitetura e Agrimensura. Desde então, esse documento tem sido revisto, a fim de que enuncie os fundamentos éticos e as condutas necessárias à prática do engenheiro, tendo em conta o contexto sócio-histórico e as forças sociais que o subjazem. Assim, o engenheiro de produção segue a ética proposta nesse código para todos os profissionais da engenharia.

> ***Fique atento!***
> É importante que você sempre acesse o portal do Confea para conferir a versão mais atual do Código de Ética Profissional.

O código mais recente está em sua 11º edição e data de 2019. Como mensagem inicial, enfatiza a urgência de se assumir um posicionamento ético, que deve ser fruto de um pacto entre todos os profissionais tutelados por esse documento, diante de todas as situações enfrentadas no Brasil, nos últimos anos.

Tal documento delineia a identidade das profissões e de seus profissionais, bem como das entidades, das instituições e dos conselhos que integram o universo da engenharia, ao afirmar, por exemplo, em seu art. 6º, que "o objetivo das profissões e a ação dos profissionais volta-se [sic] para o bem-estar e o desenvolvimento do homem, em seu ambiente e em suas diversas dimensões: como indivíduo, família, comunidade, sociedade, nação e humanidade; nas suas raízes históricas, nas gerações atual e futura" (Confea, 2019, p. 29).

Além do objetivo da profissão, elenca outros princípios éticos que pautam essa atividade, como: a natureza da profissão; a honradez da profissão; a eficácia profissional; a prática do relacionamento profissional; a intervenção sobre o meio mediante o exercício da profissão; e o funcionamento da liberdade e da segurança profissionais.

O código institui, ainda, os deveres do engenheiro, que deve preocupar-se com o ser humano e seus valores, a profissão, as relações com os clientes, os empregadores, os colaboradores, os demais profissionais e o meio ambiente, e identifica as condutas vedadas a ele quanto a esses sujeitos e elementos (valores, clientes, meio ambiente etc.). Igualmente, reconhece os direitos coletivos e individuais universais inerentes a esse trabalhador.

Finalmente, esse documento estabelece que "constitui infração ética todo ato cometido pelo profissional que atente contra os princípios éticos, descumpra os deveres do ofício, pratique condutas expressamente vedadas ou lese direitos reconhecidos de outrem" (Confea, 2019, p. 39). Caso ocorra infração, o engenheiro poderá sofrer um processo ético-disciplinar na forma que a lei determinar. A condução desse tipo de processo é regulamentada pelo código e pode resultar, em sua forma mais severa, no cancelamento do registo profissional.

Quanto a essa questão, é pertinente frisar a seguinte recomendação:

> Agindo com ética, os profissionais da área tecnológica – responsáveis pelas habitações, cidades, produção de alimentos, segurança, sustentabilidade – têm sua função social reconhecida pela sociedade. E esse é o caminho que engenheiros, agrônomos, geólogos, geógrafos e meteorologistas devem trilhar para alcançar o reconhecimento e respeito da sociedade para a qual prestam seus serviços. (Confea, 2019, p. 13)

Em suma, espera-se que o engenheiro conheça e pratique, no exercício da profissão, o determinado pelo código de ética, para assegurar o bem-estar da sociedade como um todo.

4.4 Desenho universal

Do ponto de vista ético, também cabe ao engenheiro conectar-se a um mundo que exige maior acessibilidade e inclusão para todas as pessoas, de modo que, ao esboçar um projeto, consiga abranger a imensa diversidade humana. Embora esse pensamento possa parecer utópico, a ideia é, efetivamente, criar produtos sob uma ótica universal, isto é, que não estejam sujeitos a características individuais específicas, sendo, portanto, utilizáveis por todos os tipos de pessoas, como enfatiza a Figura 4.1.

Figura 4.1 – A diversidade humana contemplada pelo desenho universal

vstock24/Shutterstock

Esses produtos devem, na perspectiva de Carletto e Cambiaghi (2007, p. 10), adaptar-se a "uma larga escala de preferências e de habilidades individuais ou sensoriais dos usuários. A meta é que qualquer ambiente ou produto deveria ser alcançado, manipulado e usado, independentemente do tamanho do corpo do indivíduo, sua postura ou sua mobilidade".

Esse desejo nasceu do desenvolvimento do conceito de desenho universal.

O que é

O conceito de **desenho universal** refere-se a um *design* de produto idealizado para todos ao invés de ser diferenciado para servir a poucos.

Com base nele, evita-se a projeção de ambientes e de produtos especiais para pessoas com deficiências, já que qualquer indivíduo apresentará, ao longo de sua vida, algum tipo de limitação, pelos mais diversos motivos: idade, tamanho, enfermidades, gestação, segurança etc. "Portanto, a normalidade é que os usuários sejam muito diferentes e que deem usos distintos aos previstos em projetos" (Carletto; Cambiaghi, 2007, p. 11).

A noção de desenho universal foi concebida na década de 1990 como resultado das demandas de dois grupos distintos:

> O primeiro composto por pessoas com deficiência que não sentiam suas necessidades contempladas nos espaços projetados e construídos. O segundo formado por arquitetos, engenheiros, urbanistas e designers que desejavam maior democratização do uso dos espaços e tinham uma visão mais abrangente da atividade projetual. (São Paulo, 2010, p. 14)

Na mesma época, um grupo de arquitetos norte-americanos, reunido pelo também arquiteto Ron Mace (1941-1998), definiu critérios para que os projetos atendessem a um maior número de usuários. Assim, fixou os sete princípios do desenho universal: uso equitativo (igualitário); uso flexível (adaptável); uso simples e intuitivo (óbvio); informação de fácil percepção (conhecido); tolerância ao erro (seguro); esforço físico mínimo (sem esforço); dimensionamento de espaços para acesso (abrangente).

Tais princípios são assim explicados por Carletto e Cambiaghi (2007, p. 12-16, grifo nosso):

> **[1] Igualitário** [...]
> São espaços, objetos e produtos que podem ser utilizados por pessoas com diferentes capacidades, tornando os ambientes iguais para todos.

[2] Adaptável [...]
Design de produtos ou espaços que atendem pessoas com diferentes habilidades e diversas preferências, sendo adaptáveis para qualquer uso.

[3] Óbvio [...]
[Projetos] de fácil entendimento para que uma pessoa possa compreender, independente de sua experiência, conhecimento, habilidades de linguagem, ou nível de concentração.

[4] Conhecido [...]
Quando a informação necessária é transmitida de forma a atender às necessidades do receptador, seja ela uma pessoa estrangeira, com dificuldade de visão ou audição.

[5] Seguro [...]
Previsto para minimizar os riscos e possíveis consequências de ações acidentais ou não intencionais.

[6] Sem esforço [...]
[Produto] para ser usado eficientemente, com conforto e com o mínimo de fadiga.

[7] Abrangente [...]
[...] estabelece dimensões e espaços apropriados para o acesso, o alcance, a manipulação e o uso, independentemente do tamanho do corpo (obesos, anões etc.), da postura ou mobilidade do usuário (pessoas em cadeira de rodas, com carrinhos de bebê, bengalas etc.).

Para a adequada implementação do desenho universal na sociedade, diversas leis e normas foram instituídas. No Brasil, por exemplo, a publicação do Decreto n. 5.296, de 2 de dezembro de 2004 (Brasil, 2004), complementado pelo Decreto n. 10.014, de 6 de setembro de 2019 (Brasil, 2019a), conferiu-lhe força de lei, estabelecendo normas gerais e critérios básicos para a promoção da acessibilidade das pessoas portadoras de deficiência ou com mobilidade reduzida. Assim, a partir de 2004, o desenho universal tornou-se uma determinação a ser cumprida, para assegurar o direito de todos os cidadãos brasileiros.

Operacionalizando a lei, normas técnicas foram criadas com o intuito de gerar parâmetros que orientassem a construção de projetos em conformidade com os princípios do desenho universal. Um exemplo disso é a NBR 9050 (ABNT, 2020), relativa à acessibilidade a edificações, mobiliário, espaços e equipamentos urbanos.

Como engenheiro de produção, você, leitor, pode precisar elaborar o *layout* de uma fábrica, por exemplo. Para tanto, necessita atentar à referida noção, já que o ambiente deve estar em concordância com ela, servindo a todas as pessoas que vão utilizá-lo, independentemente de suas características particulares.

Assim, para projetar esse espaço, é pertinente considerar algumas situações: o diagnóstico da área, dos equipamentos, dos postos de trabalho e das pessoas que nele estarão; a garantia de um fluxo apropriado de pessoas e de outros recursos; a compatibilização de projetos, observando-se os processos já existentes; e a adequação às normas técnicas.

Preocupar-se com a questão do desenho universal, cabe frisar neste ponto, é fundamental não apenas para que se cumpra a lei, mas também porque, além de garantir acessibilidade a todos, traz como grande vantagem a redução dos custos, visto que o produto não exigirá adaptações de uso após projetado. Por isso, as soluções de engenharia sempre devem seguir esse caminho, equacionando problemas com eficiência, produtividade e valores razoáveis.

–Estudo de caso

Samantha é a encarregada da linha de produção de uma fábrica de componentes eletrônicos. Seu superior imediato pediu-lhe para resolver uma dificuldade de montagem na linha: nem todos os funcionários estavam conseguindo alcançar a meta de produção.

Ao examinar a situação, ela percebeu que trabalhavam juntos operários com e sem deficiência física. Decidiu, então, implantar, com base no conceito de desenho universal, *poka-yokes*[1], na tentativa de melhorar o desempenho dos trabalhadores.

Samantha tomou uma decisão eficaz? Justifique.

Sim, Samantha tomou uma decisão eficaz, já que, recorrendo a um recurso fácil e inclusivo, tornou o trabalho mais acessível para todos os operários, melhorando-o sem aumentar consideravelmente os custos de produção.

[1] Inventados no Japão, os *poka-yokes* auxiliam, mediante ações simples, na prevenção de falhas humanas no sistema produtivo, corrigindo o possível erro antes que ele aconteça.

—Perguntas & respostas

1. Desenho universal e acessibilidade são a mesma coisa?
Desenho universal e acessibilidade não são a mesma coisa. Enquanto a acessibilidade corresponde à adequação de projetos para atender a pessoas com necessidades especiais, resultando em produtos modificados conforme suas dificuldades, o desenho universal parte do princípio de que os projetos devem poder ser utilizados por qualquer pessoa, dispensando a adaptação do produto/processo.

> **Para saber mais**
>
> Você já ouviu falar sobre a explosão do avião espacial Challenger? Esse evento levantou extenso debate sobre a ética no exercício da engenharia.
>
> Para conhecer mais sobre essa história, consulte:
>
> BERKES, H. **30 Years After Explosion, Challenger Engineer Still Blames Himself**. 28 Jan. 2016. Disponível em: <https://www.npr.org/sections/thetwo-way/2016/01/28/464744781/30-years-after-disaster-challenger-engineer-still-blames-himself>. Acesso em: 7 jun. 2020.

—Síntese

Neste capítulo, esclarecemos que, assim como qualquer outro profissional da engenharia, o engenheiro de produção precisa cumprir o código de conduta da profissão.

Para enfocarmos o impacto dessas normas sobre a atuação cotidiana dos engenheiros, discutimos o conceito de ética e seus desdobramentos: a ética empresarial e a ética profissional. Em seguida, refletimos brevemente sobre a identidade, o objetivo, os direitos e os deveres da profissão, assim como os princípios éticos que a fundamentam e as consequências de infringi-los.

Por fim, apresentamos o conceito de desenho universal, cuja proposta é projetar produtos que possam ser utilizados por qualquer pessoa, independentemente das características individuais dela.

Questões para revisão

1. Pode-se afirmar que um indivíduo age de forma ética quando:
   a) é corrupto no tocante a seus relacionamentos.
   b) detém valores genéticos, ou seja, passados de seus pais para ele.
   c) sabe conviver em sociedade, aceitando todo o seu conjunto de normas morais.
   d) prefere condutas que fazem mal àqueles com quem convive.
   e) desvia dinheiro de obras públicas para benefício próprio.

2. Atualmente, são comuns casos de boicote, por parte da sociedade, a empresas que apresentam comportamentos antiéticos, isto é, que não praticam o que se entende por *ética empresarial*.

   Sobre o conceito de ética empresarial, assinale a alternativa correta:
   a) É o comportamento da pessoa em relação às empresas.
   b) É o comportamento que as empresas corruptas adotam para realizar negócios.
   c) É o comportamento do profissional engenheiro, que deve ser punido se executar uma obra errada.
   d) É o comportamento da empresa que está em conformidade com os princípios morais e as regras aceitas pela sociedade na qual se insere.
   e) É o comportamento das empresas em geral, independentemente de seus erros ou acertos em termos morais.

3. O Código de Ética Profissional descreve, entre outras questões, os deveres do engenheiro. Em um de seus enunciados, esse documento determina que tal profissional deve:
   a) preocupar-se apenas com os valores da empresa em que trabalha, independentemente dos impactos negativos que esta causar ao ambiente.
   b) preocupar-se somente com o que seu empregador considera ser a forma correta de se relacionar com os clientes, os fornecedores e a sociedade como um todo.

c) preocupar-se exclusivamente com o funcionamento das máquinas e dos equipamentos sob sua responsabilidade, sem observar a relação destes com as pessoas, ou seja, como impactam a execução das tarefas e o aspecto físico dos trabalhadores que os utilizam.

d) preocupar-se com o ser humano e seus valores, a profissão e as relações com os clientes, os empregadores, os colaboradores, os demais profissionais e o próprio meio ambiente.

e) preocupar-se somente com o seu ganho material, independentemente dos valores morais requeridos pela sociedade de que faz parte.

4. Cada sociedade tem uma cultura própria e, com base nela, institui valores morais, ou seja, princípios referentes ao que se entende por bem e por mal. Mediante essa determinação, nesse contexto, podem surgir códigos éticos? Justifique.

5. Quanto ao conceito de desenho universal, é correto entender que os projetos elaborados conforme esse princípio atendem a qualquer tipo de pessoa? Justifique.

—Questão para reflexão——————————————

1. Para a resolução desta questão, sugerimos que você assista ao filme *Clube da luta*, de 1999, estrelado por Brad Pitt, Edward Norton e Helena Bonham Carter. O longa narra a vida de Jack, um executivo de uma empresa de seguros e *yuppie*, ou seja, sujeito bem remunerado que está cansado de sua rotina e gasta todo o seu dinheiro em objetos de luxo. O início do filme apresenta uma situação profissional que evoca a questão: Até que ponto seguir a ética de uma empresa equivale a assumir (ou não) os valores morais da sociedade?

Coloque-se no lugar de Jack, caso possa assistir à trama, pesquise casos reais que promoveram semelhante debate ou mesmo considere suas experiências e de colegas para responder às seguintes perguntas:

a) Como você agiria se precisasse atuar de forma moralmente inadequada, mas que parecesse correta em termos éticos por estar em conformidade com o código de valores da empresa em que você trabalha, tal como ocorre com o protagonista de *Clube da luta*?

b) Quais argumentos você apresentaria para mostrar que entende que as ações da empresa são pouco morais, tendo em vista seus efeitos sobre pessoas, meio ambiente, entre outros elementos? No caso da empresa de Jack, trata-se de famílias que não recebem seus seguros por detalhes técnicos.

CLUBE da luta. Direção: David Fincher. EUA: 20th Century Studios, 1999. 139 min.

capítulo 5

Conteúdos do capítulo:

- Indústria: tipos.
- Serviço: classificação e setores.
- Consultoria.
- Auditoria: características de um auditor.
- Empreendedorismo e *startups*.

Após o estudo deste capítulo, você será capaz de:

1. distinguir os setores econômicos existentes (atividades, particularidades, produtos oferecidos, problemáticas específicas etc.);
2. reconhecer perfil e atribuições do engenheiro de produção em distintos espaços de atuação, como os âmbitos da auditoria e da consultoria.

O mercado de trabalho do engenheiro de produção

Em geral, quando se pensa no local de trabalho de um engenheiro, sobretudo o de produção, logo vem à mente uma fábrica. Entretanto, sua atuação com certeza não se restringe aos processos fabris. Na verdade, efetiva-se nos mais diferentes tipos de organizações e ramos da atividade econômica.

Para entender melhor como atuar nesses contextos diversos, antes é preciso conhecê-los. Por isso, neste capítulo, conduziremos você, leitor, por um "passeio" na indústria, nos serviços, na consultoria, na auditoria e no empreendedorismo.

5.1 Indústria

Sob uma ótica econômica, o conceito de *indústria*[1] diz respeito ao conjunto de atividades de transformação, exemplificadas pela Figura 5.1, necessárias para a obtenção de produtos, englobando desde a tradicional produção artesanal até a fabricação com emprego de tecnologias de ponta.

[1] Esse conceito não deve ser confundido com o de *fábrica*, já que este se refere ao local físico onde as transformações acontecem.

Figura 5.1 – Atividades de transformação

Inspiring/Shutterstock

Na atualidade, nossa sociedade é completamente condicionada a consumir produtos industrializados. Logo, não há como imaginar a vida cotidiana sem depender da indústria e de seus métodos de produção. No entanto, nem todos os lugares do mundo são assim. Há comunidades que não têm a necessidade ou a possibilidade de adquirir tais bens, seja porque são carentes, isto é, sem condições econômicas de ter a própria indústria e, por conseguinte, os produtos dela provenientes, seja porque buscam uma nova forma de viver, sem estímulo ao consumismo desenfreado.

Todavia, nem sempre nossa sociedade foi regida pela industrialização. Como vimos no Capítulo 2, esse processo teve início em países europeus ao longo do século XVIII, mais especificamente na Inglaterra, com o desenvolvimento de novas tecnologias que viabilizaram a possibilidade, até então praticamente inexistente, de se manufaturarem produtos padronizados em grandes quantidades. Posteriormente, esse movimento foi chamado de *Revolução Industrial*.

Antes da Revolução Industrial, a base da sobrevivência humana correspondia a ações que hoje denominamos de **atividades do setor primário** da economia, designação esta motivada pelo fato de terem sido as primeiras a serem desenvolvidas pelos humanos. Essas ações consistem na extração direta de recursos disponíveis na natureza, os quais podem ser consumidos diretamente ou servir de matéria-prima para a fabricação de outras mercadorias. São atividades típicas desse setor a agricultura, a pecuária, o extrativismo vegetal e o mineral, a caça e a pesca.

O desenvolvimento alavancado por esse movimento, com seu cenário fabril e as modificações sociais que acarretou, como a expansão das cidades, o emprego remunerado, a produção em massa e o uso da tecnologia e da ciência, configurou o momento ideal para o surgimento do trabalho do engenheiro, caracterizado pela resolução de problemas nas fábricas e em outros locais industriais.

Nessa sociedade emergente, com suas novas máquinas, equipamentos e tecnologias, engenhar novos modos de produção era de extremo interesse. Assim, atribuiu-se ao engenheiro a responsabilidade de planejar e organizar todos os recursos necessários ao sistema produtivo, bem como de racionalizar situações não vivenciadas antes – como a existência de grandes galpões com centenas e até milhares de pessoas trabalhando simultaneamente –, num processo que deveria culminar nos produtos a serem ofertados a quem quisesse e pudesse comprar.

Um século depois, a Revolução Industrial ocorreu, enfim, nos EUA. A partir de então, para que uma nação fosse considerada desenvolvida, teria de se apresentar como industrializada. Dessa forma, a indústria tornou-se o setor predominante – hoje conhecido como **setor secundário** e composto por diversos tipos de indústrias – na economia dessa nação e, a seguir, das demais.

Preste atenção!

Quando o setor secundário começou a se fortalecer logo após a Revolução Industrial, trouxe vitalidade à economia das nações ao ampliar a geração de empregos e auxiliar no progresso das cidades.

> Com a evolução da sociedade e desse setor, chegou-se a uma indústria cada vez mais sofisticada, que exige um trabalhador ágil, produtivo e capacitado e procura oferecer produtos de melhor qualidade, diminuição de custos e sustentabilidade financeira, ambiental e social.
>
> Até pouco tempo, esse setor era o ramo da economia que mais gerava empregos. Porém, em virtude da modernização dos sistemas produtivos, por meio da mecanização dos processos e da implantação da produção flexível, grande parte da mão de obra vem saindo das fábricas e deslocando-se para o comércio e os serviços, aquecendo, assim, o chamado **setor terciário**.

5.1.1 Tipos de indústrias

A transformação de matérias-primas em produtos abarca uma imensa quantidade de possibilidades de produção. Assim, para um melhor entendimento e, consequentemente, uma melhor gestão, foram criadas tipologias para as indústrias, ou seja, divisões de acordo com suas características. Uma dessas tipologias, a mais conhecida, considerando o produto que as indústrias entregam à sociedade, distingue-as em três categorias: indústrias de base, indústrias intermediárias e indústrias de bens de consumo.

As **indústrias de base** transformam matéria-prima bruta em processada. São chamadas de *base* por manterem abastecidas as demais indústrias dos recursos de que estas necessitam para elaborar seus produtos. São indústrias de base, por exemplo, "as que operam a extração de minérios e sua transformação em matéria-prima para outros setores industriais, e também as indústrias de produção de energia elétrica" (Sandroni, 1999, p. 300). A indústria extrativa tem por função extrair matéria-prima mineral (representada na Figura 5.2), vegetal ou animal da natureza, para que seja reaproveitada em outras indústrias.

Figura 5.2 – Indústria extrativista

Mark Agnor/Shutterstock

Quanto às **indústrias intermediárias**, seu papel é fornecer produtos beneficiados, isto é, que passam por transformação, para que possam ser usados nos parques fabris de outras indústrias ou nos serviços de outras empresas. É o caso, por exemplo, das fábricas de equipamentos, que produzem máquinas industriais ou instrumentos para a execução de serviços. Esse tipo de indústria também é denominado de **indústria de bens de capital**, por transformar produtos em peças, máquinas e ferramentas, empregadas nas atividades da indústria de bens de consumo. Essa denominação está associada ao fato de que bens de capital são os ativos de uma empresa, ou seja, seus direitos e seus bens, cujo objetivo principal é gerar novos produtos.

Finalmente, as **indústrias de bens de consumo** incluem os produtos que serão consumidos pela população em geral. É a categoria de indústria mais conhecida, pois é nela que se produz o item final, isto é, o que será vendido ao consumidor final, aquele que utiliza o produto para consumo próprio. É possível subdividi-la em dois tipos: as indústrias de bens duráveis e as indústrias de bens não duráveis.

A indústria de **bens duráveis** oferece produtos de alto valor agregado, fabricados para durar longos períodos de tempo, em regra mais do que dois anos. Como exemplos de produtos duráveis há os automóveis (como ilustra a Figura 5.3, a seguir) e as motocicletas, a linha branca (eletrodomésticos em geral, como geladeiras, fogões, micro-ondas e *freezers*), a linha marrom (eletrônicos de uso doméstico para entretenimento, como TVs e aparelhos de áudio e vídeo etc.), a linha verde (computadores, *smartphones*, monitores de vídeo etc.), a linha azul (eletrônicos de uso doméstico, como batedeiras, liquidificadores e furadeiras), entre outros. Esse tipo de indústria costuma utilizar tecnologia atualizada e, portanto, precisa de mão de obra capacitada para seu manuseio. Já a indústria de **bens não duráveis**, como o próprio nome indica, disponibiliza ao mercado produtos perecíveis, isto é, com pouca duração no tempo. São produtos de primeira necessidade, como alimentos, roupas e remédios.

Figura 5.3 – Indústria de bens de consumo

Phonlamai Photo/Shutterstock

> **Fique atento!**
>
> Existe ainda um tipo de indústria que não cabe na tipologia citada há pouco, mas deve ser examinada aqui: a **indústria de ponta**. Trata-se de uma indústria mais sofisticada e caracterizada pela utilização maciça de recursos tecnológicos altamente sofisticados e pelo fato de estar em constante processo de inovação, com elevados investimentos financeiros no desenvolvimento de pesquisas. Em razão disso, precisa de mão de obra extremamente qualificada, seja para criar as tecnologias essenciais a seu funcionamento, seja para absorver as tecnologias que chegam à empresa por meio da transferência de outras organizações (nacionais ou estrangeiras). Como exemplos desse tipo de indústria, podemos citar as empresas de biotecnologia, aeroespacial, farmacêutica, de telecomunicações, entre outras.

5.2 Serviço

Pode-se definir *serviço* como um conjunto de atividades executadas para atender às necessidades de um cliente. Assim, ele é um produto que apresenta significativa dificuldade de análise, planejamento e produção, pois é intangível e seu consumo ocorre de forma simultânea à produção.

Essas duas características, a intangibilidade e a simultaneidade, distinguem a produção de um serviço da produção de um bem. Quanto à **simultaneidade**, é possível compreendê-la ao se observar que os serviços não podem ser estocados, visto que são produzidos e consumidos ao mesmo tempo. O mais próximo que se chega da ideia de estoque em serviços é a espera do cliente, ou seja, a fila. Desse modo, em um serviço, a operação acontece como um sistema produtivo aberto, em que se sofre todo o impacto das variações de demanda (Fitzsimmons; Fitzsimmons, 2014). Quanto à **intangibilidade**, diz respeito ao fato de o consumidor não poder tocar o serviço adquirido, já que este é imaterial.

Outras características dos serviços que podem ser citadas são a **heterogeneidade**, ou seja, dois serviços nunca serão iguais, porque cada consumidor terá uma experiência diferente mesmo que o produto, em tese, seja o mesmo; a **perecibilidade**, quer dizer, uma vez que um serviço não pode ser estocado, ele precisa ser consumido no momento da produção; e a **não propriedade** do serviço pelo consumidor, isto é, quando se adquire um serviço, obtém-se somente o direito de recebê-lo (Fitzsimmons; Fitzsimmons, 2014).

As atividades de prestação de serviços surgiram naturalmente com a transformação da sociedade industrial em pós-industrial. Sobre isso, Fitzsimmons e Fitzsimmons (2014, p. 8) apresentam a seguinte explicação:

> Em primeiro lugar, há um desenvolvimento natural dos serviços, como transportes e [...] serviços públicos, para sustentar o desenvolvimento industrial. Como a automação é introduzida nos processos produtivos, mais trabalhadores concentram-se em atividades não industriais, como manutenção e consertos. Em segundo lugar, o crescimento populacional e o consumo em massa de mercadorias incrementam o comércio atacadista e varejista, bem como o setor bancário, de imóveis e de seguros. Em terceiro lugar, à medida que a renda aumenta, a proporção gasta com alimentos e habitação decresce, e cria-se uma demanda por bens duráveis e, em seguida, por serviços.

Pena (2020) esclarece que o processo de terceirização da economia está relacionado a uma série de fatores, a saber:

a. inclusão da mulher no mercado de trabalho, elevando a demanda de escolas, creches, asilos, serviços de enfermagem, entre outros;

b. especialização das empresas, que destinam ações de limpeza, segurança e demais trabalhos para outras companhias;

c. aumento dos incrementos tecnológicos na sociedade, o que eleva a demanda por serviços relacionados com os meios eletrônicos;

d. elevação no número de empregos oferecidos nas áreas de recursos humanos, gerência, supervisão, administração e afins;

e. aumento da substituição do homem pela máquina nos setores primário e secundário.

Embora no imaginário popular o engenheiro esteja atrelado à indústria, é expressivo o crescimento do setor de serviços – denominado de *terceiro setor* – e, por consequência, da atuação desse profissional nele. Nesse sentido, devemos observar que o reconhecimento, por parte da sociedade, da importância dos serviços para a economia vem aumentando significativamente, já que, hoje, eles respondem pela maior parcela do Produto Interno Bruto (PIB) de várias nações (IBGE, 2017).

5.2.1 Classificação de serviços

Para melhor compreender os serviços e como tratá-los, é possível lançar mão de uma matriz que os classifica com base em duas dimensões: o grau de intensidade de trabalho e o grau de interação com o cliente e de customização, como indica a Figura 5.4.

Figura 5.4 – Matriz de processo de serviços

Grau de interação e customização

	Baixo	Alto
Grau de intensidade de trabalho: Baixo	**Fábrica de serviços:** • Companhias aéreas • Transportadoras • Hotéis • *Resorts* e recreação	**Loja de serviços:** • Hospitais • Mecânicas • Outros serviços de manutenção
Grau de intensidade de trabalho: Alto	**Serviços de massa:** • Varejista • Atacadista • Escolas • Aspectos de varejo dos bancos comerciais	**Serviços profissionais:** • Médicos • Advogados • Contadores • Arquitetos

Fonte: Schmenner, 1986, p. 25, citado por Fitzsimmons; Fitzsimmons, 2014, p. 25.

Conforme Fitzsimmons e Fitzsimmons (2014, p. 25, grifo do original), cada uma das denominações dispostas na matriz esclarece a natureza do serviço oferecido:

> As **fábricas de serviços** oferecem um serviço padronizado, com alto investimento de capital, de maneira semelhante a uma linha de montagem. As **lojas de serviços** permitem maior customização do serviço, mas o fazem em um ambiente de alto capital. Os clientes de um **serviço de massa** receberão um serviço indiferenciado em um ambiente com grande força de trabalho, mas os que buscam um **serviço profissional** serão atendidos individualmente por especialistas treinados.

Outra forma de abordar os serviços é a matriz da Figura 5.5, que facilita a compreensão de como os serviços são disponibilizados aos clientes e é constituída também por duas dimensões: quem se beneficia com o serviço e a natureza do serviço.

Figura 5.5 – Natureza do ato de prestação de serviços

	Beneficiário direto do serviço	
Natureza do ato de prestação de serviços	Pessoa	Bens
Ações tangíveis	**Serviços dirigidos ao corpo:** Saúde Transporte de passageiros Salões de beleza Academias Restaurantes	**Serviços dirigidos a bens físicos:** Transporte de carga Conserto e manutenção Lavanderia e lavagem a seco Cuidados veterinários
Ações intangíveis	**Serviços dirigidos à mente:** Educação Comunicação Serviços de informação Teatros Museus	**Serviços dirigidos a ativos intangíveis:** Bancos Serviços legais Contabilidade Seguros Valores mobiliários

Fonte: Lovelock, 1983, p. 12, citado por Fitzsimmons; Fitzsimmons, 2014, p. 27.

Essas matrizes não só permitem perceber o quanto os serviços podem ser diferenciados entre si, como também oferecem informações essenciais para tomar decisões concernentes à produção destes.

É importante ressaltar que, por suas características distintas em comparação às dos bens, o planejamento da produção de um serviço – que contempla itens como previsão de demanda e de capacidade, instalações e sua localização, filas, uso de tecnologias, fornecimento e cadeia de suprimentos, verificação da qualidade e até mesmo o projeto dos serviços – não deve ser elaborado como o de um bem. É preciso, portanto, empregar ferramentas específicas para serviços, a fim de que o sistema produtivo funcione eficazmente.

5.2.2 Serviços nos setores quaternário e quinário

Tradicionalmente, como explicamos, as atividades econômicas são divididas em três setores. No entanto, com as transformações sofridas pela sociedade e a criação de atividades inexistentes há algumas décadas e não enquadradas no setor terciário, em razão de suas características peculiares, foram propostas novas categorizações para dar conta dessas práticas. Assim, surgiram os setores quaternário e quinário de atividades econômicas.

O **setor quaternário** emergiu como conceito na década de 1960, em especial nas discussões do geógrafo Jean Gottmann (1915-1994). Conforme Fresca (2011, p. 35), esse estudioso

> chama a atenção para o fato de que, desde o início do século XX, ocorria a tendência da produção industrial deixar as grandes cidades [...]. A partir das relações entre desconcentração industrial, migrações e avanços tecnológicos, o autor afirma que o emprego industrial decrescia enquanto nos serviços era ampliado, principalmente nos setores administrativos, técnicos e escritórios. A separação geográfica entre produção e controle, gestão e laboratórios ampliou o número destes empregos, que ele denominou de ocupações quaternárias e que permitiram o contínuo crescimento das grandes cidades. As atividades quaternárias, para o autor, consistem "[...] basicamente de transações abstratas. A categoria mais importante de materiais por ela manipulada é a informação. Os planejadores japoneses já falam de uma 'sociedade de

informação' [...], na qual os elementos mais importantes são os software e hardware.

Dessa forma, o setor quaternário pode ser definido como aquele pertinente à economia do conhecimento, na medida em que suas atividades estão atreladas a ações intelectuais, frequentemente associadas à inovação tecnológica. Assim, o trabalhador desse setor econômico é alguém capacitado a trabalhar com dados e informações, que transformam o conhecimento preexistente na sociedade e modelam novas formas organizacionais mais adequadas às rápidas mudanças transcorridas nesse setor. Como exemplos de atividades que o compõem, podemos mencionar as exercidas na pesquisa científica, na educação e na tecnologia da informação.

Cabe destacar que um dos paradigmas dessa sociedade regida pelo conhecimento é o Vale do Silício, uma região nos EUA na qual se localizam empresas de alta tecnologia das áreas de eletrônica e informática, como Google, Facebook, Pixar, Intel e Netflix, para citar as mais conhecidas e os maiores exemplos de empresas do setor quaternário que ofertam serviços.

Assim como era incoerente encaixar práticas do setor quaternário no terciário, o mesmo ocorreu com outras ações nascentes, o que resultou em mais uma divisão das atividades econômicas: o **setor quinário**. Esse setor envolve atividades executadas sem fins lucrativos, objetivando-se tão somente interpretar ideias (novas ou existentes), analisar dados, avaliar novas tecnologias e criar novos serviços.

Considerando-se a natureza dessas atividades, esse setor concentra as tomadas de decisão mais elaboradas encontradas numa sociedade ou economia. É nele que atuam profissionais altamente remunerados, cientistas, pesquisadores e funcionários do governo, os quais trabalham em universidades, institutos de pesquisa, organizações sem fins lucrativos, de assistência médica e social, de esporte, de entretenimento, entre outras.

5.3 Consultoria

Atualmente, o conhecimento parece "fugir" de nossas mãos, tendo em vista a velocidade das mudanças a que estamos submetidos. Nesse contexto, converteu-se em uma boa ideia buscar um especialista que tenha domínio sobre determinado tema que nós, em nosso dia a dia, não temos condição de obter. Esse serviço é chamado de *consultoria* e pode ser prestado por engenheiros de produção.

As empresas passaram, assim, a contratar um consultor para lidar com certas adversidades que, normalmente, não estão no rol de problemas cotidianos da organização ou para resolver problemas crônicos com os quais convive e não consegue solucionar.

Crocco e Guttmann (2017, p. 7) apresentam o seguinte conceito de consultoria empresarial, que foi desenvolvido pelo Institute of Management Consultants:

> Serviço prestado por uma pessoa ou grupo de pessoas, independentes e qualificadas para a identificação e investigação de problemas que digam respeito a política, organização, procedimentos e métodos, de forma a recomendarem a ação adequada e proporcionarem auxílio na implementação dessas recomendações.

Logo, se um engenheiro é contratado para emprestar seu conhecimento técnico por um determinado período, de forma a analisar problemáticas, propor soluções e, em alguns casos, ajudar a implementá-las numa organização, está atuando como consultor.

Além do conhecimento técnico, por seu perfil de engenheiro, ou seja, acostumado a recorrer à racionalidade, à lógica e ao planejamento, a fim de formular resoluções para intempéries, esse profissional pode apresentar resultados bastante eficazes e, por consequência, mais condizentes com as exigências atuais do mercado em relação ao consultor.

Contudo, não bastam o entendimento da situação-problema e o caráter analítico. É preciso também se capacitar para ser um bom consultor, já que essa função demanda o emprego de ferramentas e metodologias de intervenção específicas para os procedimentos de consultoria.

Conforme Schoettl e Stern (2018, p. VI), para que a prática da consultoria aconteça de forma eficaz em uma organização, é necessária a execução de seis etapas consecutivas:

1. A proposta: compreender as expectativas do cliente, saber redigir a proposta, estabelecer o orçamento e elaborar o planejamento.
2. A coleta de informações: saber pesquisar dados, conduzir uma entrevista, tomar notas etc.
3. A análise do problema e o diagnóstico: saber estruturar as informações coletadas, identificar as problemáticas, utilizar modelos sintéticos e estabelecer o diagnóstico.
4. A busca de soluções: saber passar do diagnóstico à ação, encontrar soluções inovadoras e testá-las para que a aplicação seja real.
5. A apresentação das recomendações: saber apresentar o plano de recomendações, formular suas mensagens e ser convincente.
6. O acompanhamento da mudança: saber implementar as ações propostas, elaborar planos de ação no tempo previsto e identificar os atores, incluindo aqueles comprometidos e os resistentes.

Ao cumprir essas fases, o consultor confere consistência ao processo e auxilia com mais precisão e resultados satisfatórios a empresa que passa pela consultoria.

5.3.1 O engenheiro de produção como consultor

Assim como são diversificados os conhecimentos do engenheiro de produção para atuar em consultorias, múltiplas são as situações em que pode intervir como consultor, algumas das quais abordaremos nesta seção.

- Problemas de produtividade

Se um componente do sistema produtivo não estiver adequado, uma empresa pode perder vantagem competitiva por não conseguir entregar os produtos já negociados na quantidade ou no tempo certos.

Nesse contexto, o engenheiro pode estudar e mapear os processos produtivos, identificando gargalos (isto é, quando a linha de produção "trava", interrompendo o fluxo das tarefas) e outros problemas que estejam causando paradas indevidas, perda de tempo, fluxo inadequado de matéria-prima e de produto em processo, entre outras situações. Com base nesse mapeamento, é possível elaborar propostas de melhoria que otimizem os processos e os métodos de produção, bem como a interação das pessoas com esses métodos.

- Falta de qualidade do sistema produtivo e do produto final

A análise das falhas do sistema produtivo e a implementação de ferramentas de controle e acompanhamento que sejam de fácil compreensão e de uso constante são tarefas facilmente realizadas pelo engenheiro de produção. Ademais, ele pode estudar a implantação de um sistema de gestão da qualidade, por meio do uso e da certificação da NBR ISO 9001 (ABNT, 2015b), que, além de assistir a resolução de problemas operacionais, promove, na organização, uma cultura de melhoria contínua.

- Desequilíbrio de estoques

Equilibrar os estoques é fundamental para qualquer organização. Por isso, devem ser executadas ações para que não haja estoque excedente, visto que essa prática gera custos com espaço físico, obsolescência dos materiais estocados, entre outros aspectos. Porém, também é necessário cuidar para que não haja estoque insuficiente, o que acarreta problemas com o prazo de entrega dos produtos ao cliente, gargalos, entre outros. Para lidar com essas questões, minimizando perdas e assegurando a produtividade e a eficiência do sistema produtivo, as empresas podem solicitar a consultoria em otimização do controle de estoques.

5.4 Auditoria

Nas empresas que contam com sistemas de gestão – como o sistema de gestão da qualidade, ambiental, social, de saúde e segurança do trabalhador, entre outros –, a auditoria é um processo rotineiro e essencial para a obtenção e a manutenção de certificados e para o apropriado funcionamento desses sistemas. Esse tipo de auditoria é padronizado pela NBR ISO 19011 (ABNT, 2018a) e por ela definido como um processo sistemático, documentado e independente para a obtenção de evidências e a verificação do grau de atendimento de certos critérios.

Pode-se afirmar que existem três tipos distintos de auditoria: a de primeira parte, a de segunda parte e a de terceira parte, assim definidas por Chiroli (2016, p. 202-203, grifo nosso):

> - **Auditoria de primeira parte** (interna): Ocorre quando os funcionários da empresa realizam uma auditoria sobre o seu próprio sistema de [gestão] qualidade. [...]
> - **Auditoria de segunda parte** [...] (externa) – Realizada pela organização cliente em uma organização fornecedora [da empresa]. [...]
> - **Auditoria de terceira parte** [...] (externa) – Realizada por organismos independentes. [...] comprovado o atendimento aos padrões, a certificação é concedida à empresa [...].
>
> [...] a auditoria interna constitui uma função contínua, completa e independente [...] para o cumprimento dos objetivos organizacionais.

Ainda segundo a autora, a auditoria visa ao alcance de alguns objetivos organizacionais, como a determinação da conformidade dos elementos dos sistemas de gestão, assim como da eficácia desses sistemas no cumprimento dos objetivos fixados; a percepção de possibilidades de aprimoramento desses sistemas; o reconhecimento de pontos para tomada de decisão; e a identificação de treinamentos específicos necessários para se manterem os sistemas de gestão adequados.

O engenheiro de produção pode ser auditor nesses processos, com o propósito de garantir que a instituição em que trabalha passe por eles sem grandes percalços. Também pode atuar em empresas de auditoria, na outra ponta do processo, analisando se as organizações em busca de certificação estão em conformidade com as normas em vigor.

5.4.1 Características de um auditor

O auditor, de modo geral, não agrada aos funcionários de uma empresa, sendo visto como inimigo, já que seu papel é observar a realização de tarefas por parte de indivíduos sob sua responsabilidade. Para atenuar, em algum grau, essa percepção e ser um bom auditor, seja interno à organização, seja externo, esse profissional deve apresentar algumas qualidades.

Primeiramente, o auditor deve ser reconhecido profissionalmente. Ao demonstrar seu conhecimento, ele transmite credibilidade aos sujeitos auditados e permite-lhes compreender que a auditoria visa melhorar o trabalho que empreendem. Além disso, deve ser organizado, a fim de que o planejamento e a execução da auditoria nunca atrapalhem a rotina laboral da instituição.

Ser flexível é mais uma característica importante, pois o auditor deve ouvir os auditados e entender seu ponto de vista, especialmente porque nem sempre o padrão proposto para um processo é o melhor ou o mais produtivo naquela situação. Em contrapartida, ao mesmo tempo, esse profissional precisa ser capaz de resistir às pressões exercidas pelos auditados, fazendo prevalecer sua posição quando estes estiverem equivocados.

Nesse sentido, ser hábil em lidar com pessoas é fundamental para que a auditoria aconteça a contento. Como, em regra, as pessoas se sentem nervosas ao serem auditadas, compete ao auditor tranquilizá-las, comunicando-lhes adequadamente o que está acontecendo e o que virá a seguir. Finalmente, sua qualidade mais importante é atitudinal: ser ético.

Somam-se a essas características algumas condutas básicas e obrigatórias, a saber: não ser tendencioso, manter a mente aberta, ser imparcial e paciente, lembrar ao participante que a auditoria é importante para a melhoria contínua, sempre indicar os fatos, nunca corrigir a pessoa no local em que ela trabalha, fazer relatórios com precisão e clareza e estar familiarizado com os procedimentos a serem auditados (Chiroli, 2016).

5.5 Empreendedorismo

Embora a palavra *empreendedorismo* possa ser entendida como a capacidade das pessoas (empregado ou empresário) de observar e colocar em prática novas soluções, adotaremos a noção de empreendedorismo como o projeto de um novo negócio capaz de atender a uma necessidade social.

Então, o conceito aqui utilizado é o de Dornelas (2016, p. 28), ou seja, empreendedorismo "como o envolvimento de pessoas e processos que, em conjunto, levam à transformação de ideias em oportunidades", ideias estas que, quando implantadas corretamente, resultam em um negócio de sucesso para o empreendedor.

O autor complementa o exposto ao afirmar que "o empreendedor do próprio negócio é aquele que detecta uma oportunidade e cria um negócio para capitalizar sobre ela, assumindo riscos calculados" (Dornelas, 2016, p. 29), caracterizando o que se pode chamar de *empreendedorismo de oportunidade*. No entanto, há outra situação que faz nascer um empreendedor: a necessidade.

Sobretudo no Brasil dos últimos anos, em que as tentativas de estabilização e crescimento econômico têm se mostrado ineficazes, muitas pessoas perderam seus empregos. A alternativa que encontraram foi empreender, ainda que inexperientes no ramo escolhido, para assegurar sua subsistência. Em razão disso, a partir dos anos 2000, a ideia de empreendedorismo consolidou-se no país como forma de entender melhor os processos de criação de novos negócios e para evitar a "mortalidade" das empresas emergentes. Por outro lado, em termos de oportunidades, nessa conjuntura houve (e ainda há) condições favoráveis para investir em empreendimentos inéditos, contexto no qual são fatores a serem considerados o suporte das tecnologias de informação e a abertura do mercado mundial às novas empresas.

> **Preste atenção!**
>
> Durante a pandemia de Covid-19, o cenário econômico brasileiro e mundial se modificou, e as empresas viram-se em um momento de crise nunca antes vivido.

> Algumas não tiveram escolha a não ser encerrar suas atividades. Houve, ainda, uma "explosão" de empreendedores por necessidade (Vilela, 2020) e, em busca de sua sobrevivência, muitas pessoas tiveram de se reinventar ou de reinventar seus negócios.
>
> Diante dessa realidade, tornou-se obrigatório compreendê-la e propor novas formas de empreendimento, em especial com o uso de canais de comunicação digital remota. Somados a isso, o uso correto da tecnologia e de boa comunicação, a oferta de novos produtos (bens ou serviços) e certas características do empreendimento de necessidade, como a capacidade de adaptação e a resiliência, foram aspectos importantes no referido período.

Ao se perceber patrão, o empreendedor deve entender que o domínio de ferramentas de planejamento e manutenção do novo negócio é primordial. Assim, em sua rotina, ele deve: saber desenvolver um plano de negócio, utilizar um *Business Model Canvas* (como o da Figura 5.6, a seguir), acompanhar o desempenho de sua empresa, planejar processos produtivos e econômico-financeiros, prospectar novas oportunidades de negócio, gerir pessoas e negociar com empresas e clientes.

Figura 5.6 – *Canvas*

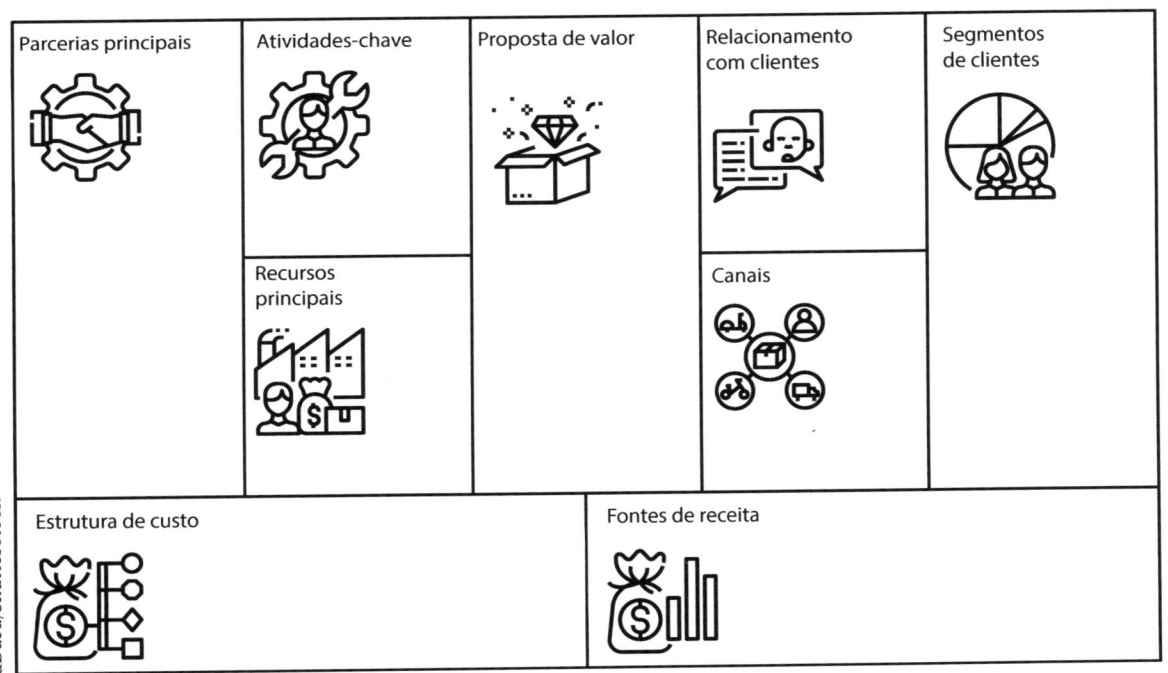

Parcerias principais	Atividades-chave	Proposta de valor	Relacionamento com clientes	Segmentos de clientes
	Recursos principais		Canais	
Estrutura de custo			Fontes de receita	

dDara/Shutterstock

O engenheiro de produção pode atuar como empreendedor e oferecer diferentes tipos de bens e serviços à sociedade, de acordo com suas competências. Nisso esse profissional encontra-se em vantagem em relação a outras formações, pois, além de ter conhecimento técnico sobre os sistemas produtivos de uma organização, está preparado para conhecer, compreender e empregar todas as ferramentas essenciais ao lançamento e à manutenção de um empreendimento. Como empreendedor, ele está habilitado a criar tanto uma empresa de ramo econômico tradicional quanto uma *startup*.

5.5.1 *Startups*

Na discussão sobre empreendedorismo, um tópico merece capítulo à parte: as *startups*. Em primeiro lugar, é preciso enfatizar que nem todo novo empreendimento é uma *startup*. Na verdade, de acordo com Ries (2012, p. 13), uma *startup* é "uma instituição humana projetada para criar novos produtos e serviços sob condições de extrema incerteza". Nessa direção, quando se pensa em itens ainda inexistentes no mercado e que apresentam a solução de problemas que a sociedade nem sabia que existiam, aí sim se pode falar em *startup*.

Analisando-se o conceito de Ries (2012), é possível perceber que a operação de uma *startup* não segue os padrões de uma empresa tradicional, visto que, na maioria das vezes, ela não conhece seus clientes; não conhece seu mercado, pois pode, até mesmo, estar lançando um novo; não tem muito dinheiro e, portanto, precisa de investidores; além de assumir grandes riscos.

Para ser um "startupeiro", é preciso apresentar algumas características bem específicas. Compreender que a realidade das *startups* não é glamurosa, que não se ficará milionário da noite para o dia, é uma das primeiras questões a serem consideradas. Na verdade, a mortalidade dessas instituições é maior que a de empreendimentos tradicionais. Por isso, a possibilidade de suas primeiras ideias não terem sucesso é bastante alta.

Também não adianta somente ter propostas criativas; é necessário construir protótipos para poder validá-las na prática com possíveis clientes. E, caso rejeitem o produto, é o momento de pivotar, ou seja, de recomeçar a desenvolvê-lo. Essas ações devem ser feitas de forma iterativa, por partes, para se construir um empreendimento mais sólido. Com o produto criado e validado pelos clientes, pode-se, enfim, lançá-lo no mercado. Nesse momento, ele deve estar disponível para toda e qualquer pessoa que se interessar por ele, não importando a quantidade demandada.

Tendo em vista a necessidade de conduzir e executar todas essas fases e, possivelmente, repeti-las várias vezes, é essencial ter resiliência, paciência e responsabilidade, já que esse mercado é por definição instável, mas pode gerar bons frutos.

-Estudo de caso

A jovem Miranda encantou-se com a ideia de criar uma *startup* quando, ao ingressar na faculdade de Engenharia de Produção, conheceu esse tipo de empreendimento.

Seu sonho é ficar bilionária rapidamente e, ao ver notícias sobre brasileiros donos de unicórnios (*startups* cujo valor de mercado supera 1 bilhão de dólares), acreditou que, lançando uma *startup*, seria muito fácil alcançar esse patamar. Afinal, é só ter uma ideia inovadora, desenvolver um aplicativo "maneiro" e esperar que as pessoas o usem.

Miranda está certa em relação às suas expectativas?

Não, Miranda está enganada. O desenvolvimento de uma *startup*, como pudemos observar neste capítulo, é extremamente árduo e não necessariamente levará o empreendedor a tornar-se bilionário.

-Perguntas & respostas

1. Qualquer pessoa pode ter um empreendimento bem-sucedido? De acordo com estudos sobre empreendimento, há determinadas características que uma pessoa deve ter para ser empreendedora (independentemente de abrir a própria empresa ou de usar seu espírito inovador na organização em que trabalha). Assim, não basta ter conhecimentos técnicos sobre produto, processo ou abertura de empresas. É necessário apresentar atitudes condizentes com o empreendedorismo, como visão de futuro, liderança, autoconfiança, facilidade de criar *network*, maleabilidade e persistência. Portanto, nem todos podem ter um empreendimento bem-sucedido (Dornelas, 2016).

> **Para saber mais**
>
> Para conhecer um pouco sobre os unicórnios nacionais, acesse:
> CORRIDA DOS UNICÓRNIOS 2020. Disponível em: <http://conteudo.distrito.me/unicornios>. Acesso em: 7 jun. 2020.

Síntese

Neste capítulo, apresentamos atividades econômicas importantes nas quais o engenheiro de produção pode atuar. Examinamos o conceito de indústria (distinto do de fábrica, que é mero local) e o de serviço e suas classificações, enfatizando que, entre os setores econômicos existentes, na atualidade, o de serviços vem se destacando e gerando cada vez mais empregos. Além disso, abordamos dois serviços específicos que o engenheiro de produção pode oferecer: a consultoria e a auditoria. Por fim, discutimos brevemente sobre empreendedorismo e *startups*.

Questões para revisão

1. Sob a ótica econômica, indústria é um conjunto de atividades bastante específicas. Assinale a alternativa que sintetiza essas atividades:
   a) Fábricas.
   b) Crítica a inovações tecnológicas.
   c) Venda de mercadorias para fábricas.
   d) Transformação para a obtenção de produtos.
   e) Manufaturas.

2. Os serviços diferenciam-se dos bens por duas características: a intangibilidade e a simultaneidade. Assinale a alternativa que as explica corretamente:
   a) A simultaneidade diz respeito ao fato de os serviços não poderem ser estocados, e a intangibilidade, ao fato de o consumidor não poder tocar o produto adquirido.

b) A simultaneidade diz respeito ao fato de os serviços poderem ser estocados, e a intangibilidade, ao fato de o consumidor poder tocar o produto adquirido.

c) A simultaneidade diz respeito ao fato de os serviços não poderem ser estocados, e a intangibilidade, ao fato de o consumidor poder tocar o produto adquirido.

d) A simultaneidade diz respeito ao fato de os serviços poderem ser estocados, e a intangibilidade, ao fato de o consumidor não poder tocar o produto adquirido.

e) A simultaneidade diz respeito ao fato de o consumidor poder tocar o produto adquirido, e a intangibilidade, ao fato de os serviços poderem ser estocados.

3. O engenheiro de produção tem vantagem em relação a outros empreendedores porque:

a) foi preparado para angariar grandes investidores.

b) domina questões concernentes à motivação de equipes.

c) somente engenheiros sabem como abrir uma empresa.

d) foi preparado para utilizar ferramentas de planejamento e manutenção de negócios.

e) tem conhecimento nato sobre bolsa de valores.

4. Cite e explique as características dos serviços.

5. Até pouco tempo atrás, o setor secundário era o ramo da economia que mais gerava empregos. Aponte uma das principais causas da mudança desse cenário.

–Questão para reflexão

1. Com base num roteiro prévio, entreviste um engenheiro de produção de sua cidade/estado que atue como consultor, auditor ou empreendedor, para conhecer a visão dele sobre como é desempenhar essa atividade (desafios, competências que demanda, *cases* de sucesso etc.).

capítulo

6

Conteúdos do capítulo:

- Profissionais multidisciplinares.
- Tendências tecnológicas.
- Indústria 4.0 e sociedade 5.0.

Após o estudo deste capítulo, você será capaz de:

1. identificar tendências de médio e longo prazo, de modo a antever seus efeitos e adquirir competências para solucionar os desafios que provocam;
2. compreender as noções de indústria 4.0 e sociedade 5.0.

Tendências na engenharia de produção

Discutimos, ao longo desta obra, o passado e o presente da engenharia de produção. Falta, então, refletirmos um pouco sobre o futuro – um futuro que pode parecer distante para alguns, mas que já é quase o agora para o engenheiro de produção. Certamente, em pouco tempo, esse profissional se verá lidando com algumas – se não todas – das situações aqui descritas.

Primeiramente, neste capítulo, abordaremos as atividades do engenheiro do futuro, que deverá ser multidisciplinar, ou seja, capaz de detectar problemas e apontar soluções para as mais diversas situações. Em seguida, trataremos de inovações tecnológicas, cuja tendência é serem rapidamente incorporadas aos sistemas produtivos existentes. Por isso, é preciso não só conhecê-las, mas também saber como utilizá-las no dia a dia. Por fim, apresentaremos algo que se mostra como um futuro longínquo para algumas empresas, mas como o presente para outras: a indústria 4.0 e a evolução desse conceito, a sociedade 5.0.

6.1
Profissionais multidisciplinares

Cada engenheiro, de acordo com sua formação, tem atribuições conferidas pelo sistema Confea/Crea (Conselho Federal de Engenharia e Agronomia/Conselho Regional de Engenharia e Agronomia) para atuar em determinada área. No entanto, é possível que, em sua rotina diária, precise operar em outros âmbitos. Por exemplo, se você trabalha como engenheiro de produção, mas seu empregador (empresa) solicita que realize atividades voltadas à prevenção de acidentes laborais, você reconhecerá a necessidade de ter uma especialização em Engenharia de Segurança do Trabalho, a fim de poder assinar projetos nessa área.

Para o engenheiro de produção, isso é possível em razão de sua formação multidisciplinar, que contempla tanto aspectos técnicos (direcionados à produção de bens ou serviços) quanto aspectos gerenciais (estratégicos, mais voltados à administração), dando a esse profissional grande vantagem em comparação aos graduados em outras áreas da engenharia. Sua atuação é, portanto, versátil e criativa: num momento, encontra-se resolvendo questões de qualidade ou manutenção no chão de fábrica; no seguinte, em negociação com um cliente da empresa; mais tarde, com um fornecedor, cuidando dos aspectos logísticos do transporte de um produto. E é esse perfil – repleto de múltiplas habilidades, coerente com a noção de que não se é apenas um técnico especializado num assunto – que se espera do engenheiro do futuro.

Essa formação mais ampla, contudo, não garante competência em todas as possíveis áreas de atuação desse profissional, ou seja, apenas dominar as técnicas não faz de ninguém um bom engenheiro. Nesse sentido, também é fundamental desenvolver novos conhecimentos e aplicá-los à rotina organizacional. Para isso, deve-se, antes, entender o sistema educacional do país, sobretudo o ensino superior.

A educação superior no Brasil

> abrange os cursos de graduação nas diferentes áreas profissionais, abertos a candidatos que tenham concluído o ensino médio ou equivalente e tenham sido classificados em processos seletivos. Também faz parte desse nível de ensino a pós-graduação, que compreende programas de mestrado

> e doutorado e cursos de especialização. A partir da LDB de 1996, foram criados os cursos sequenciais por campo do saber, de diferentes níveis de abrangência, que são abertos a candidatos que atendam aos requisitos estabelecidos pelas instituições de ensino superior. (Sistema Educacional Brasileiro, 2001)

Em busca de mais competências, pode-se, então, dar continuidade aos estudos com cursos de graduação e pós-graduação. Alguns profissionais cursam outras engenharias para exercer distintas funções previstas pelo sistema Confea/Crea, de forma a poder assinar projetos de várias áreas. Há também aqueles que se qualificam mais na área de gestão e buscam por cursos de Administração, Ciências Contábeis ou Economia.

Em ambos os casos, a legislação brasileira prevê a possibilidade de aproveitar disciplinas já cursadas em outra graduação (independentemente do curso em questão), desde que atendam a critérios de conteúdo e de carga horária, sendo, portanto, equivalentes. Por exemplo, se você cursou Engenharia de Produção e decidir estudar Engenharia Mecânica, será dispensado de todas as disciplinas concluídas com aprovação no primeiro curso cujo conteúdo seja igual no segundo curso (Cálculo, Física, Química, entre outras). Assim, um segundo curso de Engenharia terá um prazo de finalização menor que o do primeiro.

Ademais, também é possível fazer cursos de pós-graduação para seguir a carreira acadêmica. A pós-graduação no Brasil é dividida em dois ramos distintos: *lato sensu* e *stricto sensu*. Conforme o Ministério da Educação (Brasil, 2020a),

> As pós-graduações lato sensu compreendem programas de especialização e incluem os cursos designados como MBA (Master Business Administration). Com duração mínima de 360 horas, ao final do curso o aluno obterá certificado, e não diploma. Ademais, são abertos a candidatos diplomados em cursos superiores e que atendam às exigências das instituições de ensino – Art. 44, III, Lei nº 9.394/1996.
> As pós-graduações stricto sensu compreendem programas de mestrado e doutorado abertos a candidatos diplomados em cursos superiores de graduação e que atendam às exigências

das instituições de ensino e ao edital de seleção dos alunos (Art. 44, III, Lei nº 9.394/1996). Ao final do curso o aluno obterá diploma.

A pós-graduação *lato sensu* é recomendada para aqueles que precisam empregar conhecimentos mais específicos em suas profissões. Já a pós-graduação *stricto sensu* é indicada para quem almeja uma carreira acadêmica, atuando como professor ou em projetos de pesquisa. Vale ressaltar, ainda, que é possível fazer uma pós-graduação em qualquer área, não limitada, portanto, à engenharia, desde que se tenha concluído a graduação.

6.2
Tendências tecnológicas

Uma série de novas tecnologias tem invadido a rotina do engenheiro de produção: *big data*[1], realidade virtual e realidade aumentada[2], computação em nuvem[3], robôs autônomos, simulações, internet das coisas (IoT)[4], *blockchain*[5], entre outras.

Em virtude disso, esse profissional já não faz mais cálculos à mão ou projetos a lápis no papel, pois todas as funções repetitivas ou mecânicas, que não exigem novas soluções, atualmente são realizadas por máquinas e *softwares*. Portanto, cabe aos futuros engenheiros de produção inserir-se nesse mundo digital, já que as organizações estão caminhando nesse sentido e é natural que as mudanças tecnológicas afetem os mais diversos setores da economia – seja hoje, seja num futuro próximo.

Assim, diariamente o engenheiro de produção deverá conectar todas essas tecnologias emergentes, integrando pessoas, sistemas, fornecedores, clientes e outras partes interessadas, bem como propiciando inteligência aos processos produtivos, que já sentem os impactos disruptivos do uso desses recursos. Nessa conjuntura futura, as organizações resistentes às mudanças ofertarão ao mercado produtos com pouco valor agregado. Já as que desde agora estão aderindo às inovações tecnológicas elevarão a eficiência de seus sistemas produtivos – mais inteligentes, autônomos e customizáveis à medida que forem incorporando tais ferramentas, o que reduzirá ainda mais seus custos (embora essa postura inovadora

---

1 Estudo e análise de grandes conjuntos de dados que não podem, pelo seu tamanho, ser examinados pelos sistemas tradicionais.
2 Tecnologias utilizadas em equipamentos eletrônicos. Na realidade virtual, o usuário sente-se imerso em cenários informatizados. Na realidade aumentada, projetam-se imagens no mundo real.
3 Serviços de computação acessíveis *on-line* e sem a necessidade de instalação de programas.
4 Interconexão de objetos com a internet por meio digital.
5 Tecnologia de segurança de dados.

possa demandar um investimento inicial de impacto financeiro significativo).

Nesse contexto, os produtos serão rastreados com mais facilidade, o que possibilitará o alcance de algumas prioridades competitivas da manufatura, como qualidade, por meio do funcionamento correto do produto e de sua conformidade com os padrões estabelecidos, e desempenho, no tocante aos prazos de entrega.

Os custos também decairão em virtude da redução da quantidade de mão de obra empregada nos processos produtivos. Essa redução aumentará o percentual de *softwares* e a robotização nos sistemas, levando o engenheiro a trabalhar lado a lado com robôs participativos, como ilustra a Figura 6.1, o que modificará a relação homem-máquina.

Figura 6.1 – Relação homem-máquina

Zapp2Photo/Shutterstock

Além disso, cada vez mais serão usadas formas refinadas de relacionamento, do usual reconhecimento de comandos de voz à leitura de sinais cerebrais humanos na interação com máquinas, alterando-se as interfaces homem-máquina. A produtividade e, por consequência, a vantagem competitiva das organizações dependerão diretamente da capacidade de aprimorar essas interfaces para otimizar o processo produtivo.

Nesse cenário, o engenheiro de produção estará mais voltado aos aspectos estratégicos e menos aos operacionais dos sistemas produtivos. Por isso, desde agora, deve preparar-se para ser flexível, entender essas inovações e estar aberto a elas. Com as mudanças já implementadas e as que ainda ocorrerão na sociedade, um dos maiores desafios para esse futuro profissional será desenvolver a habilidade de lidar, simultaneamente, tanto com todas as novas tecnologias necessárias aos sistemas produtivos quanto com as pessoas envolvidas nesse processo.

6.3
Indústria 4.0 e sociedade 5.0

O modo de produção vem se modificando significativamente, em especial por conta da tecnologia de ponta assimilada pela indústria, ou seja, as mais recentes inovações tecnológicas aplicadas em processos produtivos. Essa transição de processos produtivos analógicos para processos altamente informatizados e automatizados tem sido denominada de *indústria 4.0*, tornada possível, juntamente com a fábrica inteligente, pela combinação entre os sistemas ciberfísicos (combinação de *software* com partes mecânicas ou eletrônicas), a internet das coisas e a internet dos sistemas.

O conceito de indústria 4.0 surgiu na Alemanha, em 2011, quando seu governo passou a incentivar o uso de alta tecnologia na indústria nacional, não somente em grandes organizações, mas também em pequenas e médias empresas, por considerá-lo estratégico para seu desenvolvimento socioeconômico. Por isso, em 2013, foi criado o Industrie 4.0 Working Group, cujo objetivo era apresentar ao governo alemão recomendações para a efetivação dessa proposta (Klitou et al., 2017).

Interessante ressaltar que, embora as políticas e os programas elaborados por esse governo se voltem ao financiamento de sistemas ciberfísicos, as pessoas é que são consideradas estratégicas no processo. Nesse sentido, a tecnologia é empregada para auxiliar no desenvolvimento do trabalho, melhorando o ambiente e a segurança na execução das tarefas e aumentando a eficiência e a produtividade do funcionário. Além disso, nessa indústria, o trabalhador executa atividades de alto valor agregado, e não mais repetitivas e operacionais, o que requer dele capacitação específica.

No Brasil, o Ministério da Indústria, Comércio Exterior e Serviços instituiu, a partir de 2017, um grupo de trabalho, o GTI 4.0, para apresentar à população uma proposta de indústria 4.0 para o país, demonstrando como fomentar o aumento da competitividade da indústria nacional por meio dos avanços produzidos por aquela indústria (Brasil, 2020b).

O termo *indústria 4.0* foi adotado considerando-se a evolução da sociedade ao longo da história. No decurso de 20 séculos, nossa sociedade passou pelo primeiro estágio, o de caça e coleta, quando o homem começou a se relacionar com seus pares e a modificar a natureza circundante, para melhor atender às próprias necessidades. O segundo estágio corresponde ao surgimento da agricultura, quando o homem deixou de ser nômade e fixou seu espaço de cultivo, trocando os frutos de sua colheita com outros agricultores, cenário que propiciou a fundação de pequenas cidades. O terceiro estágio diz respeito à criação de máquinas e à construção das fábricas durante a Revolução Industrial, o que tornou as pessoas cada vez mais urbanas e dependentes dessa sociedade industrial emergente.

Logicamente, o momento seguinte seria o quarto, e isso levou ao conceito de uma indústria 4.0, e não 3.0, por exemplo.

> As 3 primeiras revoluções industriais trouxeram a produção em massa, as linhas de montagem, a eletricidade e a tecnologia da informação, elevando a renda dos trabalhadores e fazendo da competição tecnológica o cerne do desenvolvimento econômico. A quarta revolução industrial, que terá um impacto mais profundo e exponencial, se caracteriza por um conjunto de tecnologias que permitem a fusão do mundo físico, digital e biológico. (Brasil, 2020b)

Assim como o setor produtivo se transformou em decorrência da implantação das tecnologias propostas pela indústria 4.0, situação semelhante ocorreu com a sociedade em geral. Esse processo concerne ao uso de tecnologias como *big data*, inteligência artificial e IoT não somente na produção industrial, mas também no cotidiano coletivo, para solucionar todo tipo de problemática.

Desse modo, foi proposta a sociedade 5.0, um modelo de organização social no qual as referidas tecnologias proporcionam o necessário para a manutenção do bem-estar de qualquer pessoa, em qualquer hora e lugar. Essa ideia proveio de um projeto do governo japonês (Japão, 2020) para a criação de uma **smart society**, ou seja, uma sociedade composta por sistemas híbridos, construída de forma mais inteligente mediante o trabalho integrado de pessoas e máquinas. Um primeiro passo para isso é o planejamento de **smart cities**, isto é, cidades totalmente conectadas, nas quais o mundo físico e o ciberespaço articulam-se harmonicamente, tal como ilustra a Figura 6.2.

Figura 6.2 – *Smart city*

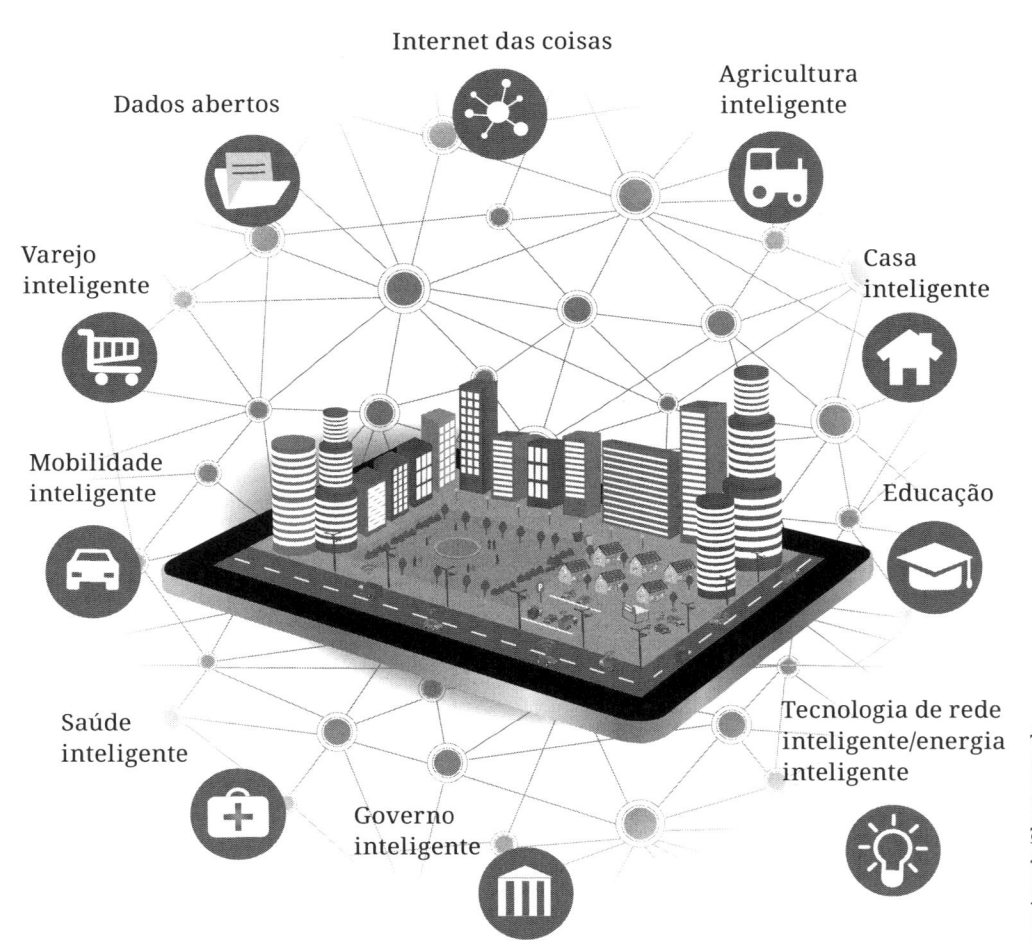

As *smart cities* deverão ser constituídas por um leque de recursos/funções inteligentes, proporcionando excepcional qualidade de vida a seus habitantes. Como exemplos disso, podemos citar: (1) uso de IoT como extensão da internet em objetos do cotidiano (carros e casas, por exemplo); (2) agricultura inteligente, cujos sistemas auxiliarão o agricultor na avaliação das condições de sua produção e, com base nisso, na tomada de decisões; (3) educação inteligente, aprendizado construído mediante emprego intensivo de tecnologias de informação e comunicação (TICs); (4) redes elétricas inteligentes, disponíveis e integradas por meio de tecnologia, telecomunicações, medição e automação, o que possibilitará a transmissão e a distribuição de energia com base em informações de toda a cadeia obtidas em tempo real; (5) governo inteligente, o qual, recorrendo às TICs, conectará e integrará ambientes físicos, digitais, públicos e privados, para interagir e colaborar com os cidadãos; (6) mobilidade inteligente, que propiciará a acessibilidade e um sistema de transporte sustentável, inovador e seguro; (7) transformação das atividades de varejo, o que resultará do aprimoramento das experiências de consumo em virtude do uso de tecnologias; (8) dados da *smart city* abertos, ou seja, serão acessíveis a todos, para que os usem e publiquem sem restrições ou mecanismos de controle; e, finalmente, (9) fábricas inteligentes, que utilizarão sistemas ciberfísicos e de simulação para melhorar o processo produtivo.

Para materializar esse projeto de vida urbana, a engenharia é componente fundamental. Por isso, munido de seu "espírito de engenheiro", o profissional de hoje precisa se preparar para esse futuro que logo chegará!

–Estudo de caso

O sr. Deodato formou-se em Engenharia de Produção há 30 anos. Depois de batalhar muito, conseguiu um emprego numa multinacional montadora de automóveis, na qual vem atuando há mais de 20 anos.

O tempo passou, e a fábrica mudou consideravelmente. Agora, o sr. Deodato não se sente muito confortável com as novas tecnologias com as quais precisa conviver em seu ambiente de trabalho. Robôs, sistemas automatizados, *softwares*, tudo é muito diferente de quando ele começou na carreira. Apesar disso, ainda se sente bastante motivado para trabalhar, já que sua grande paixão são os carros e sua manufatura.

O sr. Deodato deve desistir da profissão que tanto gosta por conta das dificuldades que vem enfrentando?

Se pudéssemos dar um conselho ao sr. Deodato, pediríamos que não desistisse. Em lugar disso, ele deveria buscar compreender e usar as novas tecnologias, não só na empresa, mas também em seu dia a dia, o que o faria se sentir mais integrado ao novo ambiente da fábrica, menos receoso ao lidar com as inovações, possibilitando, portanto, que continue a exercer suas atividades como engenheiro de produção.

–Perguntas & respostas

1. O engenheiro de produção deve preocupar-se com novas tecnologias mesmo morando num local em que ainda não estão disponíveis?

Sim, sem dúvida alguma. Ainda que não esteja em condições de utilizar tecnologias como as citadas neste capítulo, o profissional deve sempre estar preparado e atualizado em relação às mais recentes, já que pode vir a ser o responsável por trazê-las e implantá-las na localidade, por exemplo.

Para saber mais

Em Curitiba, já há uma iniciativa para transformá-la em *smart city*. Entre as ações necessárias para isso, o governo tem investido em políticas públicas voltadas à inovação. Uma dessas iniciativas chama-se *Vale do Pinhão*, um local de troca e de potencialização do ambiente inovador na cidade. Para conhecer mais sobre ela, acesse:

VALE DO PINHÃO. Disponível em: <http://www.valedopinhao.com.br/>. Acesso em: 7 jun. 2020.

−Síntese

Neste capítulo, apresentamos algumas projeções do futuro do engenheiro de produção, uma profissão cujo exercício requer conhecimentos multidisciplinares, como os necessários ao uso de novas tecnologias produtivas; tudo isso no cenário da indústria 4.0 e da sociedade 5.0.

−Questões para revisão

1. Em termos de formação multidisciplinar, o engenheiro de produção tem vantagem em relação aos graduados nos demais cursos de Engenharia porque:
   a) somente ele tem disciplinas de cálculo avançado.
   b) tem formação específica somente em aspectos gerenciais.
   c) tem formação específica somente em processos produtivos.
   d) tem ampla formação, que contempla aspectos tanto técnicos da engenharia quanto gerenciais.
   e) somente ele tem disciplinas voltadas à gestão organizacional.

2. Ao decidir cursar uma pós-graduação, o engenheiro de produção:
   a) só pode fazer cursos da área de engenharia.
   b) é impedido de fazer cursos da área de engenharia.
   c) pode fazer cursos de qualquer área, desde que seja graduado.
   d) só pode fazer cursos da área de administração, para melhorar sua habilidade de gestor.
   e) deve cursar diretamente o doutorado, já que não precisa passar pelas demais etapas de pós-graduação (especialização e mestrado).

3. O termo *indústria 4.0* foi proposto pensando-se na evolução da sociedade ao longo da história, que se encontra:
   a) no primeiro estágio, o de caça e coleta.
   b) no segundo estágio, relacionado ao surgimento da agricultura.
   c) no terceiro estágio, concernente à criação de máquinas e à fundação de fábricas.

d) no princípio do quarto estágio, marcado por um conjunto de tecnologias que permitem a fusão do mundo físico, digital e biológico.

e) no quinto estágio, no qual viajar para Marte já faz parte do cotidiano das pessoas.

4. Uma série de novas tecnologias tem invadido a rotina do engenheiro de produção, como *big data*, realidade virtual e realidade aumentada, computação em nuvem, robôs autônomos, simulações, IoT e *blockchain*. Considerando esse cenário em evolução, descreva como será parte do cotidiano futuro desse profissional.

5. Assim como o setor produtivo se transformou em decorrência da implantação das tecnologias propostas pela indústria 4.0, situação semelhante ocorreu com a sociedade em geral. Esse cenário é caracterizado pelo emprego de tecnologias como *big data*, inteligência artificial e IoT para sanar problemáticas e satisfazer necessidades corriqueiras e coletivas. Qual termo designa a sociedade resultante desse processo de transformação?

–Questão para reflexão–

1. Quantas das novas tecnologias citadas neste capítulo você conhece e/ou já utilizou? Elas estão sendo empregadas em empresas próximas a você? Pesquise sobre a indústria 4.0 e a implementação desta em sua cidade (dificuldades, avanços, resultados etc.).

para concluir...

Para você, leitor, que acompanhou esta explanação – dos egípcios e gregos, com suas arrojadas soluções para as necessidades de suas nações, até as projeções de dias futuros, nos quais a tecnologia será forte aliada das propostas de melhoria da sociedade atual –, esperamos que essa viagem pela história e pelas possibilidades da engenharia de produção tenha sido proveitosa.

Agora, com suas memórias, pedimos que reviva todo esse trajeto. As grandes personalidades com "espírito de engenheiro" – Arquimedes, Leonardo Da Vinci, Santos Dummont, entre várias outras (até o Homem de Ferro entrou em nossa lista!) – e como esses indivíduos, bem como pessoas anônimas, desenvolveram a ciência e a engenharia. Lembre-se também de todas as universidades precursoras do ensino de engenharia, até mesmo no Brasil, desde sempre tão necessitado de profissionais que propusessem soluções para seus problemas.

Recorde como a engenharia de produção nasceu em meio a um impactante movimento de progresso e ciência, a Revolução Industrial, cujos efeitos sentimos até hoje; como Frederick Taylor e seus colegas elevaram a ideia de melhoria das fábricas e de seus processos ao nível de ciência (ainda incipiente, sem dúvida, mas todo início é assim); e como, em razão das contribuições desse teórico, a *industrial engineering* tornou-se uma importante engenharia no escopo de uma sociedade industrial.

Ao longo dos capítulos, você também percebeu que o engenheiro de produção precisa ter uma série de competências para atuar na área e que, no Brasil, o trabalho desse profissional é fiscalizado, assim como o de outros engenheiros, pelo sistema Confea/Crea (Conselho Federal de Engenharia e Agronomia/Conselho Regional de Engenharia e Agronomia). Você também descobriu que, segundo a Associação Brasileira de Engenharia de Produção (Abepro), o âmbito de atuação do engenheiro de produção contempla dez áreas: engenharia de operações e processos da produção; logística; pesquisa operacional; engenharia da qualidade; engenharia do produto; engenharia organizacional; engenharia econômica; engenharia do trabalho; engenharia da sustentabilidade; educação em engenharia de produção.

Além de tudo isso, nestas páginas, vimos que o exercício dessa profissão deve basear-se numa conduta moral e ética – estabelecida pelo sistema Confea/Crea no Código de Ética Profissional – e que os engenheiros devem adotar o conceito de desenho universal. Desmistificando a ideia de que esses profissionais só têm lugar nas fábricas, você conheceu, ainda, diversos locais e serviços nos quais eles podem atuar, exercendo diferentes funções, como as de consultor, auditor ou, até mesmo, empreendedor. Por fim, refletiu sobre um possível futuro, multidisciplinar e tecnológico, mas que ainda vai continuar precisando de gente com "espírito de engenheiro"!

referências

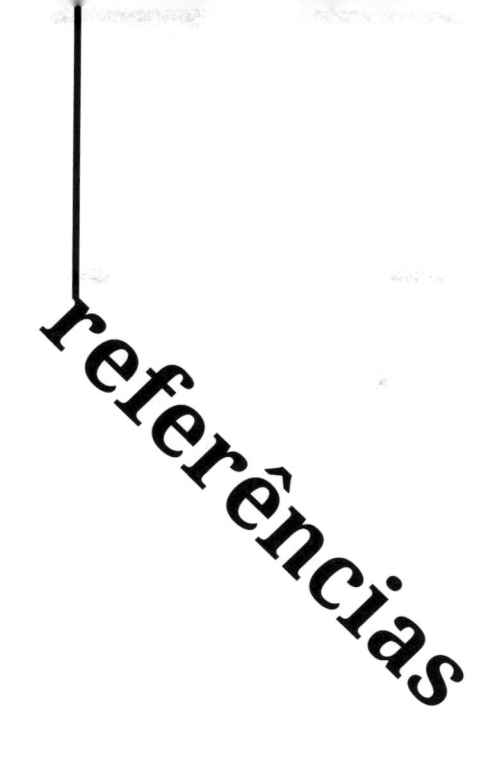

ABEPRO – Associação Brasileira de Engenharia de Produção. **A profissão**. Disponível em: <http://portal.abepro.org.br/a-profissao/>. Acesso em: 7 jun. 2020.

ABEPRO – Associação Brasileira de Engenharia de Produção. **Engenharia de produção**: grande área e diretrizes curriculares. 1997-1998. Disponível em: <http://www.abepro.org.br/arquivos/websites/1/diretrcurr19981.pdf>. Acesso em: 7 jun. 2020.

ABNT – Associação Brasileira de Normas Técnicas. **NBR 9050**: acessibilidade a edificações, mobiliário, espaços e equipamentos urbanos. Rio de Janeiro, 2020.

ABNT – Associação Brasileira de Normas Técnicas. **NBR ISO 9000**: sistemas de gestão da qualidade – fundamentos e vocabulário. Rio de Janeiro, 2015a.

ABNT – Associação Brasileira de Normas Técnicas. **NBR ISO 9001**: sistemas de gestão da qualidade – requisitos. Rio de Janeiro, 2015b.

ABNT – Associação Brasileira de Normas Técnicas. **NBR ISO 9004**: gestão da qualidade – qualidade de uma organização – orientação para alcançar o sucesso sustentado. Rio de Janeiro, 2019.

ABNT – Associação Brasileira de Normas Técnicas. **NBR ISO 14001**: sistemas de gestão ambiental – requisitos com orientações para uso. Rio de Janeiro, 2015c.

ABNT – Associação Brasileira de Normas Técnicas. **NBR ISO 16001**: responsabilidade social – sistema de gestão – requisitos. Rio de Janeiro, 2012.

ABNT – Associação Brasileira de Normas Técnicas. **NBR ISO 19011**: diretrizes para auditoria de sistemas de gestão. Rio de Janeiro, 2018a.

ABNT – Associação Brasileira de Normas Técnicas. **NBR ISO 45001**: sistemas de gestão de saúde e segurança ocupacional. Rio de Janeiro, 2018b.

AGOSTINHO, D. S. **Tempos e métodos aplicados à produção de bens**. Curitiba: InterSaberes, 2015.

ALBERNAZ, J. T., o Velho. **Planta de restituição da Bahia**. 1631. Mapa: color. Escala 10:100.

ALENCASTRO, M. S. C. **Ética empresarial na prática**: liderança, gestão e responsabilidade corporativa. 2. ed. Curitiba: InterSaberes, 2016.

AMADEO, M.; SCHUBRING, G. A École Polytechnique de Paris: mitos, fontes e fatos. **Bolema**, Rio Claro, v. 29, n. 52, p. 435-451, ago. 2015. Disponível em: <http://www.scielo.br/scielo.php?script=sci_arttext&pid=S0103-636X2015000200002>. Acesso em: 7 jun. 2020.

AMARAL, D. C. et al. **Gestão de desenvolvimento de produtos**: uma referência para a melhoria do processo. São Paulo: Saraiva, 2006.

ARRUDA, M. C. C. de. A contribuição dos códigos de ética profissional às organizações brasileiras. **Revista Economia & Gestão**, Belo Horizonte, v. 5, n. 9, p. 35-47, abr. 2005. Disponível em: <http://periodicos.pucminas.br/index.php/economiaegestao/article/download/57/51/0>. Acesso em: 8 out. 2020.

BALLOU, R. H. **Gerenciamento da cadeia de suprimentos**: logística empresarial. Tradução de Raul Rubenich. 5. ed. Porto Alegre: Bookman, 2007.

BARBIERI, J. C. **Gestão ambiental empresarial**: conceitos, modelos e instrumentos. 4. ed. atual. e ampl. São Paulo: Saraiva, 2016.

BEZERRA, C. A. **Técnicas de planejamento, programação e controle da produção**: aplicações em planilhas eletrônicas. Curitiba: Ibpex, 2013.

BOLGENHAGEN, N. J. **O processo de desenvolvimento de produtos**: proposição de um modelo de gestão e organização. Dissertação (Mestrado em Engenharia) – Universidade Federal do Rio Grande do Sul, Porto Alegre, 2003. Disponível em: <https://www.lume.ufrgs.br/bitstream/handle/10183/3591/000390175.pdf?sequence=1>. Acesso em: 7 jun. 2020.

BORGES, E.; MEDEIROS, C. Comprometimento e ética profissional: um estudo de suas relações juntos aos contabilistas. **Revista Contabilidade & Finanças**, São Paulo, v. 18, n. 44, p. 60-71, maio/ago. 2007. Disponível em: <http://www.scielo.br/pdf/rcf/v18n44/a06v1844.pdf>. Acesso em: 7 jun. 2020.

BRASIL. Decreto n. 5.296, de 2 de dezembro de 2004. **Diário Oficial da União**, Poder Executivo, Brasília, DF, 3 dez. 2004. Disponível em: <http://www.planalto.gov.br/ccivil_03/_ato2004-2006/2004/decreto/d5296.htm>. Acesso em: 9 out. 2020.

BRASIL. Decreto n. 7.404, de 23 de dezembro de 2010. **Diário Oficial da União**, Poder Executivo, Brasília, DF, 23 dez. 2010a. Disponível em: <http://www.planalto.gov.br/ccivil_03/_ato2007-2010/2010/decreto/d7404.htm>. Acesso em: 6 out. 2020.

BRASIL. Decreto n. 10.014, de 6 de setembro de 2019. **Diário Oficial da União**, Poder Executivo, Brasília, DF, 9 set. 2019a. Disponível em: <http://www.planalto.gov.br/ccivil_03/_Ato2019-2022/2019/Decreto/D10014.htm>. Acesso em: 9 out. 2020.

BRASIL. Decreto n. 23.569, de 11 de dezembro de 1933. **Diário Oficial da União**, Poder Executivo, Brasília, DF, 15 dez. 1933. Disponível em: <http://www.planalto.gov.br/ccivil_03/decreto/1930-1949/D23569.htm>. Acesso em: 30 set. 2020.

BRASIL. Lei n. 5.194, de 24 de dezembro de 1966. **Diário Oficial da União**, Poder Legislativo, Brasília, DF, 27 dez. 1966. Disponível em: <http://normativos.confea.org.br/downloads/5194-66.pdf>. Acesso em: 30 set. 2020.

BRASIL. Lei n. 9.394, de 20 de dezembro de 1996. **Diário Oficial da União**, Poder Legislativo, Brasília, DF, 23 dez. 1996. Disponível em: <http://www.planalto.gov.br/ccivil_03/leis/l9394.htm>. Acesso em: 5 out. 2020.

BRASIL. Lei n. 12.305, de 2 de agosto de 2010. **Diário Oficial da União**, Poder Legislativo, Brasília, DF, 3 ago. 2010b. Disponível em: <http://www.planalto.gov.br/ccivil_03/_ato2007-2010/2010/lei/l12305.htm>. Acesso em: 6 out. 2020.

BRASIL. Ministério da Educação. **Qual a diferença entre pós-graduação lato sensu e stricto sensu?** Disponível em: <http://portal.mec.gov.br/component/content/article?id=13072:qual-a-diferencaentre-pos-graduacao-lato-sensu-e-stricto-sensu>. Acesso em: 7 jun. 2020a.

BRASIL. Ministério da Educação. Conselho Nacional de Educação. Câmara de Educação Superior. Parecer n. 948, de 9 de outubro de 2019. Relator: Luiz Roberto Liza Curi. **Diário Oficial da União**, Brasília, DF, 18 out. 2019b. Disponível em: <http://portal.mec.gov.br/docman/outubro-2019/128041-pces948-19/file>. Acesso em: 2 out. 2020.

BRASIL. Ministério da Educação. Conselho Nacional de Educação. Câmara de Educação Superior. Resolução n. 2, de 24 de abril de 2019. Relator: Antonio de Araújo Freitas Júnior. **Diário Oficial da União**, Brasília, DF, 26 abr. 2019c. Disponível em: <https://www.in.gov.br/web/dou/-/resolu%C3%87%C3%83o-n%C2%BA-2-de-24-de-abril-de-2019-85344528>. Acesso em: 28 set. 2020.

BRASIL. Ministério da Educação. Instituto Nacional de Estudos e Pesquisas Educacionais Anísio Teixeira. **Sinopse Estatística da Educação Superior 2017**. Brasília, 20 set. 2018. Disponível em: <http://download.inep.gov.br/informacoes_estatisticas/sinopses_estatisticas/sinopses_educacao_superior/sinopse_educacao_superior_2017.zip>. Acesso em: 28 set. 2020.

BRASIL. Ministério da Indústria, Comércio e Serviços. **Indústria 4.0**. Disponível em: <http://www.industria40.gov.br/>. Acesso em: 24 out. 2020b.

BRICK, E. S. Uma estratégia para o desenvolvimento e a sustentação da base logística de defesa brasileira. **Relatórios de Pesquisa em Engenharia de Produção**, v. 14, n. D2, p. 12-20, 2014. Disponível em: <http://www.producao.uff.br/images/rpep/2014/D2%20 Estrat%C3%A9gia%20para%20BLD%20_EDUARDO_BRICK.pdf>. Acesso em: 7 jun. 2020.

CARLETTO, A. C.; CAMBIAGHI, S. **Desenho universal**: um conceito para todos. 2007. Disponível em: <https://www.maragabrilli.com.br/wp-content/uploads/2016/01/universal_web-1.pdf>. Acesso em: 9 dez. 2019.

CHAUI, M. de S. **Convite à filosofia**. 7. ed. São Paulo: Ática, 2000.

CHIAVENATO, I. **Introdução à teoria geral da administração**. 9. ed. Barueri: Manole, 2014.

CHIROLI, D. M. de G. **Avaliação de sistemas de qualidade**. Curitiba: InterSaberes, 2016.

CLARKE, A. B.; DISNEY, R. L. **Probabilidade e processos estocásticos**. Tradução de Gildásio Amado Filho. Rio de Janeiro: LTC, 1979.

CLUBE DE ENGENHARIA. **Nossa história**. Disponível em: <http://portalclubedeengenharia.org.br/nossa-historia/>. Acesso em: 30 set. 2020.

COCIAN, L. F. E. **Introdução à engenharia**. Porto Alegre: Bookman, 2017.

CONFEA – Conselho Federal de Engenharia e Agronomia. **Código de Ética Profissional da Engenharia, da Agronomia, da Geologia, da Geografia e da Meteorologia**. 11. ed. Brasília, 2019. Disponível em: <http://www.confea.org.br/sites/default/files/uploads-imce/CodEtica11ed1_com_capas_no_indd.pdf>. Acesso em: 7 jun. 2020.

CONFEA – Conselho Federal de Engenharia e Agronomia. **Fiscalização**. Disponível em: <https://www.confea.org.br/atuacao/fiscalizacao>. Acesso em: 2 out. 2020a.

CONFEA – Conselho Federal de Engenharia e Agronomia. **Registro de profissional diplomado no país**. Disponível em: <https://www.confea.org.br/servicos-prestados/registro-de-profissional-diplomado-no-pais>. Acesso em: 17 out. 2020b.

CONFEA – Conselho Federal de Engenharia e Agronomia. Resolução n. 114, de 30 de dezembro de 1957. **Diário Oficial da União**, Brasília, DF, 21 mar. 1958. Disponível em: <http://normativos.confea.org.br/ementas/imprimir.asp?idEmenta=163&idTipoEmenta=5>. Acesso em: 8 out. 2020.

CONFEA – Conselho Federal de Engenharia e Agronomia. Resolução n. 218, de 29 de junho de 1973. **Diário Oficial da União**, Brasília, DF, 31 jul. 1973. Disponível em: <http://normativos.confea.org.br/downloads/0218-73.pdf>. Acesso em: 7 jun. 2020.

CONFEA – Conselho Federal de Engenharia e Agronomia. Resolução n. 235, de 9 de outubro de 1975. **Diário Oficial da União**, Brasília, DF, 30 out. 1975. Disponível em: <http://normativos.confea.org.br/downloads/0235-75.pdf>. Acesso em: 2 out. 2020.

CONFEA – Conselho Federal de Engenharia e Agronomia. Resolução n. 288, de 7 de dezembro de 1983. **Diário Oficial da União**, Brasília, DF, 16 dez. 1983. Disponível em: <http://normativos.confea.org.br/downloads/0288-83.pdf>. Acesso em: 2 out. 2020.

CONHEÇA os 34 tipos de engenharia que existem. **Guia do Estudante**, 5 out. 2010. Disponível em: <https://guiadoestudante.abril.com.br/universidades/conheca-os-34-tipos-de-engenharia-que-existem/>. Acesso em: 2 out. 2020.

CREA-PR – Conselho Federal de Engenharia e Agronomia do Paraná. **Câmaras Especializadas**. Disponível em: <https://www.crea-pr.org.br/ws/camaras-especializadas>. Acesso em: 7 jun. 2020.

CROCCO, L.; GUTTMANN, E. **Consultoria empresarial**. 3. ed. rev., atual. e ampl. São Paulo: Saraiva, 2017.

CSCMP – Council of Supply Chain Management Professionals. **CSCMP Supply Chain Management Definitions and Glossary**. Disponível em: <https://cscmp.org/CSCMP/Educate/SCM_Definitions_and_Glossary_of_Terms.aspx>. Acesso em: 2 out. 2020.

DORNELAS, J. **Empreendedorismo**: transformando ideias em negócios. 6. ed. São Paulo: Atlas, 2016.

ETHISPHERE INSTITUTE. **Sobre nós**. Disponível em: <https://www.linkedin.com/company/ethisphere-institute>. Acesso em: 9 out. 2020.

FAÉ, C. S.; RIBEIRO, J. L. D. Um retrato da engenharia de produção no Brasil. **Revista Gestão Industrial**, v. 1, n. 3, p. 24-33, 2005. Disponível em: <https://periodicos.utfpr.edu.br/revistagi/article/view/151/147>. Acesso em: 7 jun. 2020.

FERNANDES, B. H. R.; BERTON, L. H. **Administração estratégica**: da competência empreendedora à avaliação de desempenho. 2. ed. São Paulo: Saraiva, 2012.

FERNANDES, W. D.; COSTA NETO, P. L. O.; SILVA, J. R. da. Metrologia e qualidade: sua importância como fatores de competitividade nos processos produtivos. In: ENCONTRO NACIONAL DE ENGENHARIA DE PRODUÇÃO, 29., 2009, Salvador. Disponível em: <http://www.abepro.org.br/biblioteca/enegep2009_TN_STO_091_615_13247.pdf>. Acesso em: 7 jun. 2020.

FITZSIMMONS; J. A.; FITZSIMMONS, M. J. **Administração de serviços**: operações, estratégia e tecnologia da informação. Tradução de Scientific Linguagem Ltda. 7. ed. Porto Alegre: AMGH, 2014.

FORD, H. **Os princípios da prosperidade**. Tradução de Monteiro Lobato. 3. ed. Rio de Janeiro: Livraria Freitas Bastos, 1967.

FRESCA, T. M. Uma discussão sobre o conceito de metrópole. **Revista da ANPEGE**, v. 7, n. 8, p. 31-52, ago./dez. 2011. Disponível em: <https://ojs.ufgd.edu.br/index.php/anpege/article/view/6526/3516>. Acesso em: 28 set. 2020.

GABOR, A. **Os filósofos do capitalismo**: a genialidade dos homens que construíram o mundo dos negócios. Tradução de Maria José Cyhlar Monteiro. Rio de Janeiro: Campus, 2001.

GARCIA, E. de O. P. **Visão sistêmica da organização**: conceitos, relações e eficácia operacional. Curitiba: InterSaberes, 2016.

GOODWIN, C. J. **História da psicologia moderna**. Tradução de Marta Rosas. 2. ed. São Paulo: Cultrix, 2005.

HILLIER, F. S.; LIEBERMAN, G. J. **Introdução à pesquisa operacional**. Tradução de Ariovaldo Griesi. 9. ed. Porto Alegre: Bookman, 2013.

HOLTZAPPLE, M. T.; REECE, W. D. **Introdução à engenharia**. Tradução de J. R. Souza. Rio de Janeiro: LTC, 2013.

IBGE – Instituto Brasileiro de Geografia e Estatística. Pesquisa anual de serviços 2017. **PAS**, Rio de Janeiro, v. 19, p. 1-8, 2017. Disponível em <https://biblioteca.ibge.gov.br/visualizacao/periodicos/150/pas_2017_v19_informativo.pdf>. Acesso em: 7 jun. 2020.

JAPÃO. Cabinet Office. **Society 5.0**. Disponível em: <https://www8.cao.go.jp/cstp/english/society5_0/index.html>. Acesso em: 24 out. 2020.

JÚNIOR, N. **Por que engenharia de produção não é administração com CREA?** 30 abr. 2018. Disponível em: <https://eproducao.eng.br/por-que-engenharia-de-producao-nao-e-administracao-com-crea/>. Acesso em: 7 jun. 2020.

KANIGEL, R. **The One Best Way**: Frederick Winslow Taylor and the Enigma of Efficiency. New York: Viking, 1997.

KAPLAN, R. S.; NORTON, D. P. **A estratégia em ação**: Balanced Scorecard. Tradução de Luiz Euclydes Trindade Frazão Filho. Rio de Janeiro: Elsevier, 1997.

KLIPPEL, F. A. et al. **Engenharia de métodos**. 2. ed. Porto Alegre: Sagah, 2017.

KLITOU, D. et al. **Germany**: Industrie 4.0. Jan. 2017. Disponível em <https://ec.europa.eu/growth/tools-databases/dem/monitor/sites/default/files/DTM_Industrie%204.0.pdf> Acesso em: 24 out. 2020.

KRICK, E. V. **Introdução à engenharia**. Tradução de Heitor Lisboa de Araújo. 2. ed. Rio de Janeiro: LTC, 1979.

LAMBERT, D. M.; COOPER, M. C.; PAGH, J. D. Supply Chain Management: Implementation Issues and Research Opportunities. **The International Journal of Logistics Management**, v. 9, n. 2, p. 1-19, July 1998. Disponível em: <https://www.researchgate.net/profile/Douglas_Lambert2/publication/242131027_Supply_Chain_Management_Implementation_Issues_and_Research_Opportunities/links/53dbea9a0cf2a76fb667b0c1/Supply-Chain-Management-Implementation-Issues-and-Research-Opportunities.pdf>. Acesso em: 29 set. 2020.

LEITE, P. R. Logística reversa: nova área da logística empresarial. **Revista Tecnologística**, São Paulo, v. 78, p. 102-109, maio 2002. Disponível em: <http://web-resol.org/textos/logistica_reversa_-_nova_area_da_logistica_empresarial_(1).pdf>. Acesso em: 7 jun. 2020.

MANTOUX, P. **A Revolução Industrial no século XVIII**: estudo sobre os primórdios da grande indústria moderna na Inglaterra. Tradução de Sonia Rangel. São Paulo: Unesp; Hucitec, 2001.

MENDES, D. Taylor e o progressivismo norte-americano ou como um engenheiro se tornou pai da administração. **Administração de Empresas em Revista**, Curitiba, v. 1, n. 2, p. 29-47, 2003. Disponível em: <http://revista.unicuritiba.edu.br/index.php/admrevista/article/view/101/76>. Acesso em: 29 set. 2020.

MORAIS, R. R. de. **Logística empresarial**. Curitiba: InterSaberes, 2015.

MOREIRA, D. A. **Administração da produção e operações**. 2. ed. rev. e ampl. São Paulo: Cengage Learning, 2012.

MOREIRA, H. J. F. A Escola Politécnica da UFRJ. **Rede da Memória Virtual Brasileira**. Disponível em: <http://bndigital.bn.gov.br/dossies/rede-da-memoria-virtual-brasileira/ciencias/escola-politecnica-ufrj/>. Acesso em: 7 jun. 2020.

MUNHOZ, D. E. A. Ecoeficiência: produção limpa e ecodesign. In: SIMPÓSIO MINEIRO DE QUÍMICA, 3., 2008, Belo Horizonte. Disponível em: <http://www.crqmg.org.br/ecoeficiencia.php>. Acesso em: 26 out. 2020.

NATURA. **Natura é eleita como uma das empresas mais éticas do mundo**. 25 fev. 2020. Disponível em: <https://www.natura.com.br/blog/sustentabilidade/natura-e-eleita-como-uma-das-empresas-mais-eticas-do-mundo>. Acesso em: 8 out. 2020.

NEUMANN, C. **Gestão de sistemas de produção e operações**: produtividade, lucratividade e competitividade. Rio de Janeiro: Elsevier, 2013.

NOGUEIRA, C. W.; GONÇALVES, M. B.; OLIVEIRA, D. de. O enfoque da logística humanitária no desenvolvimento de uma rede dinâmica para situações emergenciais: o caso do Vale do Itajaí em Santa Catarina. In: CONGRESSO DE PESQUISA E ENSINO EM TRANSPORTES, 23., nov. 2009, Vitória. Disponível em: <https://www.researchgate.net/profile/Mirian_Goncalves/publication/267410687_O_ENFOQUE_DA_LOGISTICA_HUMANITARIA_NO_DESENVOLVIMENTO_DE_UMA_REDE_DINAMICA_PARA_SITUACOES_EMERGENCIAIS_O_CASO_DO_VALE_DO_ITAJAI/links/546372150cf2837efdb309e2.pdf>. Acesso em: 7 jun. 2020.

NONAKA, I.; TAKEUCHI, H. **Criação de conhecimento na empresa**: como as empresas japonesas geram a dinâmica da inovação. Tradução de Ana Beatriz Rodrigues e Priscilla Martins Celeste. 20. ed. Rio de Janeiro: Elsevier, 1997.

PENA, R. F. A. **Setor terciário**. Disponível em: <https://brasilescola.uol.com.br/economia/setor-terciario.htm>. Acesso em: 7 jun. 2020.

PIRATELLI, C. L. A engenharia de produção no Brasil. In: CONGRESSO BRASILEIRO DE ENSINO DE ENGENHARIA – COBENGE, 33., 2005, Campina Grande. Disponível em: <http://www.abenge.org.br/cobenge/arquivos/14/artigos/SP-15-25046352818-1117717074687.pdf>. Acesso em: 7 jun. 2020.

RIES, E. **A startup enxuta**: como os empreendedores atuais utilizam a inovação contínua para criar empresas extremamente bem-sucedidas. Tradução de Carlos Szlak. São Paulo: Lua de Papel, 2012.

SANDRONI, P. **Novíssimo dicionário de economia**. São Paulo: Best Seller, 1999.

SANTOS, A. T. Abertura comercial na década de 1990 e os impactos na indústria automobilística. **Fronteira**, Belo Horizonte, v. 8, n. 16, p. 107-129, jul./dez. 2009. Disponível em: <http://periodicos.pucminas.br/index.php/fronteira/article/view/3860/4160>. Acesso em: 29 set. 2020.

SÃO PAULO (Estado). **Desenho universal**: habitação de interesse social. São Paulo: CDHU – Superintendência de Comunicação Social, 2010. Disponível em <http://www.mpsp.mp.br/portal/page/portal/Cartilhas/manual-desenho-universal.pdf>. Acesso em: 29 set. 2020.

SCHOETTL, J-M.; STERN, P. **Consultoria**. Tradução de Marcela Vieira. São Paulo: Saraiva, 2018.

SELEME, R. **Manutenção industria**l: mantendo a fábrica em funcionamento. Curitiba: InterSaberes, 2015.

SILVA, C. A. da et al. Utilização do método multicritério TODIM-FSE para classificação de base logística de brigada. In: SIMPÓSIO DE PESQUISA OPERACIONAL E LOGÍSTICA DA MARINHA – SPOLM, 17., 2014, Rio de Janeiro. **Anais**... São Paulo: Blucher, 2014. p. 419-430. Disponível em: <https://www.marinha.mil.br/spolm/sites/www.marinha.mil.br.spolm/files/126482.pdf>. Acesso em: 26 out. 2020.

SILVA, L. P. da. **Antiguidade Clássica**: Grécia, Roma e seus reflexos nos dias atuais. Curitiba: InterSaberes, 2017.

SIQUEIRA, E. W. de M. Ensino 3.0: a formação acadêmica em engenharia de produção pautada no desenvolvimento de competências. In: MACHADO, M. W. K. (Org.). **Engenharia de produção**: What's Your Plan? Ponta Grossa: Atena, 2019. p. 29-40. Disponível em: <https://www.atenaeditora.com.br/wp-content/uploads/2019/04/e-book-Engenharia-de-Produ%C3%A7%C3%A3o-Whats-Your-Plan_.pdf>. Acesso em: 26 out. 2020.

SISTEMA EDUCACIONAL BRASILEIRO. In: MENEZES, E. T. de; SANTOS, T. H. dos. **Dicionário interativo da educação brasileira**: Educabrasil. São Paulo: Midiamix, 2001. Disponível em: <https://www.educabrasil.com.br/sistema-educacional-brasileiro/>. Acesso em: 7 jun. 2020.

SLACK, N.; BRANDON-JONES, A.; JOHNSTON, R. **Administração da produção**. Tradução de Daniel Vieira. 8. ed. São Paulo: Atlas, 2018.

SLACK, N. et al. **Gerenciamento de operações e de processos**: princípios e práticas de impacto estratégico. Tradução de Luiz Claudio de Queiroz Faria. 2. ed. Porto Alegre: Bookman, 2013.

TAKEUCHI, H.; NONAKA, I. **Gestão do conhecimento**. Tradução de Ana Thorell. Porto Alegre: Bookman, 2008.

TARDIN, M. G. et al. Aplicação de conceitos de engenharia de métodos em uma panificadora: um estudo de caso na Panificadora Monza. In: ENCONTRO NACIONAL DE ENGENHARIA DE PRODUÇÃO, 33., 2013, Salvador. Disponível em: <http://www.abepro.org.br/biblioteca/enegep2013_tn_sto_177_013_21883.pdf>. Acesso em: 6 out. 2020.

TAYLOR, F. W. **Princípios da administração científica**. Tradução de Arlindo Vieira. 7. ed. São Paulo: Atlas, 1970.

TELLES, P. C. da S. **História da engenharia no Brasil**. Rio de Janeiro: LTC, 1984.

TUBINO, D. F. **Manual de planejamento e controle da produção**. São Paulo: Atlas, 1997.

TUBINO, D. F. **Sistema de produção**: a produtividade no chão de fábrica. São Paulo: Atlas, 1999.

VENANZI, D.; SILVA, O. R. da. (Org.). **Introdução à engenharia de produção**: conceitos e casos práticos. Rio de Janeiro: LTC, 2016.

VILELA, P. R. Pandemia faz Brasil ter recorde de novos empreendedores. **Agência Brasil**, 5 out. 2020. Disponível em: <https://agenciabrasil.ebc.com.br/economia/noticia/2020-10/pandemia-faz-brasil-ter-recorde-de-novos-empreendedores>. Acesso em: 27 out. 2020.

ZARIFIAN, P. **Objetivo competência**: por uma nova lógica. Tradução de Maria Helena C. V. Trylinski. São Paulo: Atlas, 2001.

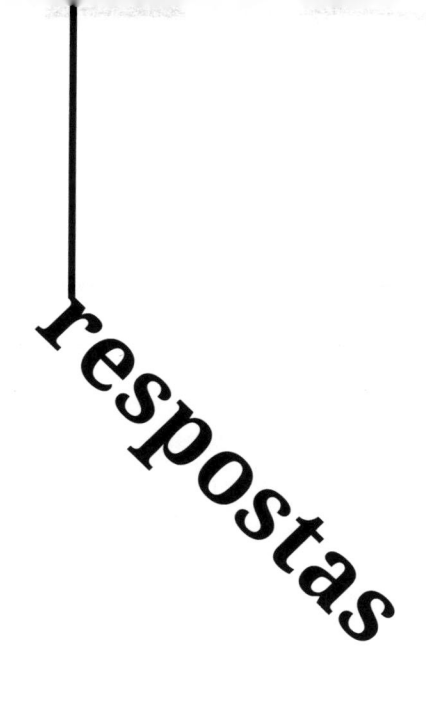

Capítulo 1

Questões para revisão

1. b
2. d
3. c
4. Isso ocorria porque as necessidades básicas eram supridas pelo homem comum, já que, cada vez mais, ele aprendia a dominar a natureza. Quer dizer, ainda inexistia um profissional/campo exclusivamente preparado para isso.
5. A expressão "espírito de engenheiro" diz respeito à característica da pessoa que se interessa por propor soluções para problemas enfrentados pela sociedade num determinado momento.

Capítulo 2

Questões para revisão

1. d
2. b
3. c
4. Porque esse profissional precisa gerenciar tanto os processos da empresa quanto as atividades da equipe subordinada a ele, acompanhando seus resultados e delegando-lhe tarefas.
5. As DCNs do ensino superior determinam os objetivos e as metas a serem observados em cada campo de atuação do nível superior.

Capítulo 3

Questões para revisão

1. d
2. b
3. c
4. Sistema é um "conjunto de elementos interdependentes e interagentes ou um grupo de unidades combinadas que formam um todo organizado" (Chiavenato, 2014, p. 339).
5. A área de logística reversa deve projetar o retorno de produtos inservíveis, ou seja, dos bens de pós-venda e pós-consumo, à organização.

Capítulo 4

Questões para revisão

1. c
2. d
3. d
4. Sim, pois a ética exprime a maneira como a cultura e a sociedade definem para si mesmas o que é o bem e o mal.
5. Sim, já que os projetos devem atender à maior gama de variações possíveis de características antropométricas e sensoriais da população.

Capítulo 5

Questões para revisão

1. d
2. a
3. d
4. As características são: heterogeneidade, perecibilidade e não propriedade do serviço pelo consumidor.
5. A modernização dos sistemas produtivos, por meio da mecanização dos processos, reduziu paulatinamente a demanda por funcionários nas fábricas.

Capítulo 6

Questões para revisão

1. d
2. c
3. d
4. Ele deverá inserir inteligência nos processos produtivos, que já sentem os impactos disruptivos do uso das novas tecnologias.
5. Sociedade 5.0.

Sobre a autora

Dayse Mendes

Mestre em Administração pela Universidade Federal do Paraná (UFPR), engenheira mecânica pela mesma instituição, especialista em Formação Docente para EaD pelo Centro Universitário Internacional Uninter e técnica em eletrônica pelo Cefet-PR (atual Universidade Tecnológica Federal do Paraná – UTFPR). Atua como professora universitária desde 1998 e como tutora a distância em cursos de graduação desde 2010.

Impressão:
Dezembro/2020